Rain forest plants

雨林植物
觀賞&栽培圖鑑

夏洛特·著

園藝植物的尋根之旅

安地斯山東側雲霧林帶之單一樹木上著生的物種，其繁複程度已超過筆者於熱帶亞洲雲霧林之所見。鳳梨、蘭花、蕨類、仙人掌及椒草與苦苣苔等，密密麻麻地擠在一起。

每過一陣子，花卉市場上就有新面孔，但它是否適合你的栽植環境呢？室內植物或陽台草花，或許來自人為育種或源自野外，經人為選拔後進入家居，它們有各自特殊的生長模式，很多人習慣直接請教商家，但多半是多久澆一次水或日照多寡等簡單問答。不能全面了解植物生長習性，如何能將植物照顧得盡善盡美？

今日的園藝市場，已經和其他工業生產一樣採分工制度。盆栽植物多來自專業繁殖種苗或種子的生產商，養到適當大小便流通給盆栽生產者，植物長成成品，再送到拍賣市場，經過承銷人的拍賣供應給零售商，一層層的商業模式，對經手的人來說，植物已經和一般商品一樣。一般商品往往會標示成分以及使用說明，甚至操作方式；至於盆栽，消費者往往以為都是販售業者親身拉拔大的，以為可以詢問他們照顧植物所需的資訊，其實在目前的銷售制度下，植物的栽植大多不是零售者完整的經驗，特別是新面孔的植物。

許多人或許認為只要上網查詢便可搜尋到植物的資料，只是很可惜，現今台灣或中國大陸等中文使用區域，多不習慣使用拉丁文拼寫的植物學名。以往慣用或已有的既定中文名稱，如果不能幫助銷售，在拍賣市場上，商家便會為它另取一個具有幸福感且有賣相的暱稱，像是紅蝴蝶（某一種粉紅葉子的合果芋）、綠帝王（某一種雜交種的蔓綠絨）、綠寶石（這名字很常用，套用的植物不少），甚至像是發財樹或萬年青、ＸＸ鐵樹等等。如果想要還原它們的背景，大概需要從 *google image* 一張張圖的人力搜尋才可能水落石出；若是暱稱太新，就更難找到資料，例如曾在花市造成一陣旋風的

「招財貓」，原本雖是一種東南亞雨林中的蒟蒻芋之人為挑選種，但若在 *google image* 搜尋，找到的會是一堆貓型的可愛玩偶。近日流行之千奇百怪的空氣鳳梨的名稱也有這種趨勢。因此，雖然園藝是生活休閒，不需像參加英檢那般背誦英文單字，但是如果能大概記住屬名的幾個字母或種名的開頭，相信會對植物或園藝知識的增長有很大的幫助。

本書自雨林中拍攝了許多的美麗植物，筆者至今還是查不出其正確的學名，這其實有很多原因。

生長在祕魯馬丘比丘遺跡上，色彩艷麗的空氣鳳梨。

1、早在兩百年前就有很多熱帶植物被西方植物學者命名，但當時的資料多散布在世界各地的植物園，今日已難找到清晰的繪圖，標本甚至已經損毀，植物命名必須尊重先發表過的學名，所以即使找到一堆種名，在沒有任何圖像線索的比對下，很難確認種名。

2、園藝植物的學名很多和植物學所用的不同，尤其某些極具觀賞性的園藝植物群，像是蘭科植物、蘇鐵植物等，即使植物學界已經更改學名多年後，園藝界為了方便，經常還是繼續沿用舊名。甚至一開始被園藝界使用時，就已經錯誤，將錯就錯多年後，市面流通的該種植物，有時和植物園標本館中擁有相同學名的植物竟然完全不同。

3、很多熱帶植物即使留有完整的標本，可供辨識特徵的部位組織卻不易保存，像是薑科植物紙質的花朵，一旦壓扁，花色會褪去，若要藉由那扁扁的壓花去想像還原它的立體模樣，實在有困難，別說是乾的標本，美美的兩盆植物若是沒開花，有時也很難分辨呢！

4、本書中很多植物在編寫之時，給研究植物學的朋友看過後，表示是還在整理中尚未發表的植物，為避免爭議，並沒有附上學名。

關於學名，坊間有不少書籍可以翻

安地斯山雲霧林中玻利維亞吊鐘花與生長在一起的香蕉，是住在亞熱帶的人難以想像的奇妙組合。

閱，但學名多半只適用於自然界的物種，很多園藝植物雖然還擁有原種植物的學名，卻是經由人為選拔的選別園藝種，如果讀者以這種人為選別種去想像長在自然界的原種，差距恐怕很大，因此有些植物學名會在種名後標上cv.(cultivated variety)栽培變種。不過，標上cv.的植物並不一定是人為特意育種而來，也有可能是在收集者花園中經過蟲媒產生，或栽培種原始的名牌損毀不可考，再次命名的。很多園藝植物的登錄制度相當鬆散，不像蘭花育種登錄制度（ＲＨＳ）那般嚴謹，重複登錄名稱的異種植物或無法追溯源頭的情況，並不少見。

因此，在前述種種限制下，雨林中許多初次見到的奇特植物，筆者很難斷言它是否為新種，寧可猜想它是世上相當獨特的個體。況且，無論是新種或是已經發表過的舊種，也只是以人類本位思考產生的模式，它存世已久，無需經過人類的正名才有生命的價值。

網際網路讓地球變小了，遠在天際的植物常常被引進台灣，但引進者或栽植者對它們的生長習性卻不一定清楚，許多室內的觀葉植物或新奇的熱帶植物源自於熱帶雨林，坊間卻少有這類書籍供人研讀，因此我多次前往熱帶雨林，將它們的自然生態及其生活條件所需介紹給大家。此外，多數人經常只是將觀賞植物粗略分為賞花或觀葉植物，其實很多植物會被栽培，已經超乎這單純的二分法，像是毬蘭或森林仙人掌及薑科，甚至鳳梨科植物等花葉俱美的種類，便難以歸類。另外由本書中，可以發現今日人們栽植植物可以有很多理由，像是食蟲植物，便是因為它們會吃蟲的奇妙生態吸引人；收集蟻植物的人是因為著迷於自然界生物為了共存關係，而特異演化的奇特構造。

希望讀者在購買每一種植物前，能先了解它最基本的生態資料與生育條件，只栽種適合自己生活環境的植物，或是不超出自身經濟條件可以提供的環境，以免原本只為了休閒的園藝生活，最終弄得勞師動眾，反被植物控制。

第一章
苦苣苔家族

非洲菫、海角櫻草、皮草、蛛毛苣苔、口紅花、長筒花家族、岩桐、喜蔭家族、花臉苣苔、鯨魚花、袋鼠花及玉唇花。

第一章 苦苣苔家族

非洲堇、海角櫻草、皮草、蛛毛苣苔、口紅花、長筒花家族、岩桐、喜蔭家族、花臉苣苔、鯨魚花、袋鼠花及玉唇花。

溫帶國家的花園裡，總是開放著香堇或堇菜這類小精靈般的美麗花朵。亞熱帶或熱帶地區雖然少有香堇，上天卻將苦苣苔賜與了我們，苦苣苔家族可以培養在日陰的家中，而且，花型與花色的變化，甚至超越香堇。

苦苣苔和秋海棠都是龐大的家族，秋海棠僅一個超大的屬，就幾乎囊括了整個科的成員，因此，研究時還要仔細注意屬以下的分類，包括節或外形等。相反地，苦苣苔在分類上各個屬已然細分，介紹栽培法時，有時反而需要將幾個近緣的屬合併在一起討論。

以植物的外型分，苦苣苔大致可分纖根性、球莖、鱗狀根莖等。

產在舊熱帶地區（非洲與亞洲）的苦苣苔是纖根性的，根纖細如同一般植物，沒有特殊構造，例如有名的非洲堇、海角櫻草、著生的口紅花，以及岩生性的皮草和蛛毛苣苔等。

球莖型幾乎全被巴西的岩桐一屬囊括。

鱗狀根莖型大概可以分為落葉型及常綠型。

落葉型幾乎生長在墨西哥及瓜地馬拉等熱帶季風林，例如長筒花、垂筒苣苔及藍鐘苣苔等，這些屬的親緣關係相當接近，甚至還有許多人工跨屬的雜交種。

常綠型產在南美北部、巴拿馬至厄瓜多等的安地斯山區，這裡終年降雨，沒有乾季，因此即使有鱗狀根莖，只要終年給予水分，多半

還是維持常綠的狀態，其中最有名的要屬花臉苣苔和小圓彤。

其他產在新熱帶區（中南美洲）的苦苣苔，若沒有上述兩類特化的地下莖，則多半和舊熱帶區域的苦苣苔一樣，也是纖根性的，例如著生在樹上的鯨魚花、袋鼠花及玉唇花等，還有長在斜坡上、以草莓般的匍匐莖生長的喜蔭花和蕾絲蔓等，以及長得像是小灌木且較少人收集的 *Drymonia* 及 *Corytoplectus* 等。

一般而言，苦苣苔的外型主要受到氣候的影響。

在野外，苦苣苔大多生長在岩壁裂縫、岩壁苔蘚中，或是著生在樹上，要不就是長在落葉層中或排水很好的土坡

苦苣苔的外型與氣候關係

赤道常綠雨林或高地雲霧林。	終年降雨	纖根性
美洲熱帶季風林	有乾季	耐乾性球莖或鱗狀根莖
亞洲熱帶季風林	有乾季，沒有特殊演化的儲水地下莖，可以分為兩類。	遇到乾季就結種子並枯死的一年生草本
		靠肉質化的葉片儲水，甚至像萬年松那樣捲起葉片，往生長點包裹，宛如枯死，以此度過乾季。

上。根據筆者的經驗，大樓陽台的遮雨浪板、屋頂的石綿瓦，若蓄積了一些灰塵和落葉，上方住家若種了耐乾性球莖或鱗狀根莖的苦苣苔，開完花後種子極有可能會落在那裡而繁衍，因為此環境和它們原生環境極為類似。

從上述可推測出，苦苣苔不只需要潮溼的介質，對介質的排水功能也很重視。無論是否具有耐乾性，所有的苦苣苔都喜歡在潮濕的季節生長，這點幾乎和秋海棠一樣。因此，在野外，苦苣苔生長的場所，多半也可發現秋海棠伴生。

依據苦苣苔的生長環境來看，長在岩壁的種類，每天需要短時間的充足日照，其餘時間只要散射光即可；著生在樹木的種類，需要較明亮的環境，但是夏天還是不要直曬陽光；溪谷中或林蔭下的種類，則相當耐陰，甚至可以種在室內窗邊，靠散射的光線或完全以人工照明來栽培。

在台灣，陽台就可以培養苦苣苔家族，夏季由岩桐類及喜蔭花開始，秋季有長筒花、藍鐘苣苔、垂筒苣苔，春季則有花臉苣苔及海角櫻草等，此外還有許多不定期開花的迷你岩桐、皮草和非洲堇及其他自成一格、花型不太

苦苣苔的生長環境與光照需求

長在岩壁的苦苣苔	短時間的充足日照，其餘時間散射光。
著生在樹木的苦苣苔	較明亮的環境，夏天不要直曬陽光。
溪谷中或林蔭下的苦苣苔	耐陰，可種在室內窗邊。

苦苣苔的花期

春	花臉苣苔及海角櫻草
夏	岩桐類及喜蔭花
秋冬	長筒花、藍鐘苣苔、垂筒苣苔和小圓彤
不定期開花	非洲堇（夏季較少）、迷你岩桐、皮草、口紅花、鯨魚花、袋鼠花及玉唇花

春	花臉苣苔及海角櫻草
夏	岩桐類及喜蔭花
秋冬	長筒花、藍鐘苣苔、垂筒苣苔和小圓彤
不定期開花	非洲堇（夏季較少）、迷你岩桐、皮草、口紅花、鯨魚花、袋鼠花及玉唇花

像香菫的著生類，例如口紅花、鯨魚花、袋鼠花及玉唇花等。

目前園藝化的苦苣苔大多來自熱帶美洲，其實熱帶亞洲的森林中，有許多美麗的苦苣苔等著人們去發覺呢。以下簡單介紹這個龐大家族中幾個重要成員。

非洲菫
Saintpaulia

非洲菫是常見的草花，引進時間早，擁有很多愛好者，不僅園藝種非常多，專業栽培的業者也很多，因此往往讓人以為很容易栽培，其實並沒那麼簡單。

慎防細蟎

栽培過的人大都知道，非洲菫容易感染細蟎。感染的植株，無法正常生長，以致生長衰退，由於症狀不如毛蟲啃咬般明顯，發現時往往已經很嚴重，因此，平時就該注意防治。另外，盡量不要和其他草花雜居，尤其是仙客來

和秋海棠類，它們都極易攜帶細蟎，卻不易顯出症狀，往往還沒察覺遭到感染，就已經傳染給非洲菫了。

高夜溫教戰手冊

另一個讓人頭痛的問題是，非洲菫不耐熱。

它原產於赤道下的東非高原，生長在高海拔雲霧林的石灰岩壁上，由於上有樹木遮陰，終年處於半陰潮濕的環境，白天溫暖，夜間冷涼，生長環境穩定。終年生長不休眠，因此無法利用落葉休眠的方式度過

花型近似原生種的非洲菫，這款花型和近日花市所見已差距甚大。

被稱作「縞花」的園藝雜交種，花瓣上有較淺白的色斑。

冬季。

雖然栽培種比原種更適應居家環境，夏季的高夜溫依然是生長的障礙，如果栽培數量不多，夏夜可移到冷氣房內，白天出門時再搬回陽台。夏季高溫時，整天吹冷氣，對植株的成長有很大的幫助，如果只能開半天冷氣，夜晚降溫會比白天降溫有效。如果沒有冷氣降溫，澆水時間應改為上午，介質傍晚後比較乾，較能避免植株在高溫的夜晚腐爛。沒有冷氣降溫，也要盡可能移到家中最陰涼的地方，協助它們安全度夏。

另外，可向熟悉非洲菫的本地花友詢問，哪些栽培品系容易在市面上找到，容易找到的，多半也是容易越夏的。從網路或文獻也可以得知最耐熱的品系，只是市面上未必買得到。

乾比溼好

非洲菫雖然沒有儲水的地下莖，但植株呈多肉狀，葉柄及短莖含有大量水分。在原生地石壁上的植株，偶爾會遇到久旱不雨，此時它會略呈脫水狀，葉柄甚至乾到整個垮下來，它以這種姿態，靠著雲霧中的溼氣苦熬，等到再度降雨時，便恢復元氣。

正因為非洲菫耐乾，不耐積水，介質必須排水良好，新手栽培失敗，多是因為給水太多，或是介質過於黏重而爛根。從下垂的葉柄能得知缺水而盡快

白底綠縞斑的園藝種「春之夢」。

仿原生地栽培法，將迷你非洲菫植入鑿空的多孔性岩石。

類是蓮座型、有很多葉片的多年生海角櫻草，一般園藝種多是指這類；另一個是只有一枚巨大葉片的單葉海角櫻草，這類是多年生的一旬草本，意思是成長幾年後，會開花結果，然後就死去。

海豚花亞屬
Streptocarpella

多半長在東非緯度較低，接近赤道至南迴歸線的山區，算是非洲菫的鄰居，但分布的海拔比非洲菫低，因此多數種類可以忍受較高的溫度（少數種類是高地種，和非洲菫一樣不耐熱）。台灣很容易栽培，需要較多的光線，除了上午或傍晚斜射數小時外，最好處於光線明亮的環境。常綠的植株，除了高夜溫的盛夏及嚴寒的冬季外，常常開花。由於植株強健，不易生病，只需排水好的介質，澆水時避開葉子，就能順利生長。

供水，爛根卻不容易察覺，很多人都是到了爛根後，植株出現脫水狀態才發覺。

小心孳生黴菌

非洲菫的花凋謝後，要剪取凋萎的花梗，以免殘花導致發霉，孳生黴菌，另外，澆水也要避免直接向花朵淋水。

值得注意的是，非洲菫的迷你種需要比較高的空氣濕度，斑葉種面對夏季的高溫會有葉片消失或退化的情形，懸垂種則會萌發較多的側芽，要依據植株實際的生長勢來修芽。以上這些較特殊的品系，比一般常見的商業品種更需要花心思去掌握。

海角櫻草
Streptocarpus

海角櫻草可分為三大類，一種是有直立莖的海豚花亞屬，另外兩種都歸為海角櫻草亞屬，但是外觀差異很大。一

罕見的白花型海豚花。

初夏是海豚花盛開的季節，其他季節雖然也會開花，但少有如此壯觀的場面。

海角櫻草亞屬
Streptocarpus

分布廣泛，自南非東開普州的龍山南部，往北沿著東非高原延伸至衣索匹亞高原。但一般栽培的種類多是產在南迴歸線至南非山區，在亞洲，相當於華南至浙江閩北山區。台灣平地的夏季，比原生地要熱，除非在山區栽培，不然要注意避暑，利用幼株體積小、易於冷氣房避暑的優點，在春季播種。由於植株不耐移植，建議直接播種在小盆內，多株發芽後，拔除弱勢植株，留下健壯

的。至於避暑，可仿照非洲堇夜間降溫的方式，過了高溫期再移到戶外陰涼處，並更換大一號的盆子，並在秋冬冷涼氣候下，給予適量的肥料。

單葉海角櫻草
Unifoliate Streptocarpus

原生長在南非東部山區潮濕的岩壁上，是外觀奇特的植物，看起來像龜殼或另類異形的生物，多半只有一片葉子，不像一般植物是由生長點不斷抽出越來越大的葉片，讓植株長大。單葉海角櫻草靠

心形葉片的內緣不斷延伸，宛如地衣般在岩壁上擴張，因此吸引很多愛好奇特生物的人。種子萌芽後約一年半開花，部分大型種萌芽後，需要數年才開花。它們都是一旬植物，結完種子便枯死，因此須以播種來維持品系，無法以苦苣苔常用的無性生殖來增殖。

一般來說，單葉小型種在隔年初夏開始開花，此時即便天氣轉熱，還是會開花結實，種子成熟後才枯槁。大型種則需栽培數年，因此，大型種的成功栽培

要靠越夏技術。對於初學者來說，筆者建議挑選容易栽培的種類，例如 *S. cooperi* 和 *S. bolusii* 等。單葉型的海角櫻草多半原生在坡度很陡的土坡或岩壁上，葉子擴大時多是往下延伸，栽培時，巨大的葉片也是沿著盆緣往下垂，因此最好找個木板或保麗龍板墊在下方，以45度自盆緣拱著葉片，讓它能呈現完整無缺的葉面，否則葉片越來越大時，極有可能因為風吹或澆水時的水壓，導致葉片被盆緣切割，造成無法挽回的傷害。附帶一提，這巨大的葉片常是蝸牛的最佳餌料，必須慎防。

小花種之海角櫻草 *S. Crystal Ice*，在台灣平地容易越夏且年年開花。

蓮座型海角櫻草
Rosulate Streptocarpus

外觀看來如非洲菫般扁平。由於海角櫻草的原種分布在冷涼的環境，園藝種的改良場所也多是在冷涼的歐洲國家，因此除少部分小花系統的園藝種能適應台灣平地的氣候外，大部分美麗的交配種，夏季須以冷氣房的方式栽培，並且要等到土表開始乾時再澆水，避免高溫期過濕，極易腐爛。

容易栽植且易開花的 *S. Blueberry Butterfly*。

花瓣有著網紋斑塊的交配種是比較新的款式。

單葉型海角櫻草的葉片在原生地多半自岩壁懸垂，栽植時最好將盆子墊高，若是任其攤在地面，易導致葉片腐爛。

海角櫻草愛好家培植的風景，為了避免水分積存於盆底又希望保持溼氣，於盆底所墊的塑膠盤上再加上塑膠網，讓盆土不會長期泡在水中。

含有原種*S. rexii*血緣的交配種，花朵多半很大，但對高溫的耐暑性不是很理想。

紅花系統之海角櫻草對夏季高溫的適應力，比其他園藝種要弱些。

海角櫻草來自亞熱帶季風氣候區，在原生地，春季開始降雨後生長，夏季溫暖時開花，秋季變乾冷後準備休眠，冬季會在葉片靠近心部自行產生一道離層，讓四分之三的葉片脫離。不過，在不是很冷的台灣冬季，植株會繼續生長，可用這段時間來肥培，春季一到，便能開得華麗，花期可延續到初夏。

寡葉型海角櫻草
Plurifoliate Streptocarpus

有1～3枚葉片，葉片多自心部抽出，第一枚葉片多半巨大如單葉種，其他幾片就小很多。可以按照單葉種的方式，處理寡葉種，以保護易受傷害的大葉子。寡葉種在開完花後，會自葉片基部長出新的芽點。由於它和蓮座型近緣，也都是多年生，因此有許多交配種育出，照顧法也極為相近。雖然單葉種及蓮座型種的海角櫻草，葉子

都很大，但是因為它們大多長在岩石裂縫中，需要排水良好的介質，大盆子介質乾得慢，植株易腐爛，建議用小一點的盆子。

皮草
Chirita

皮草屬和非洲大陸的海角櫻草屬有著極為類似的平行演化，兩者皆產於大陸東岸的亞熱帶或熱帶地區，都是當地最具代表性的岩生苦苣苔。皮草屬也分為多年生及一年生兩種，蓮座型多年生種類多分布於中國大陸南方、雲南至長江流域等地，少部分種類出現於寮國及越南北部。一年生種類多呈直立性，分布於中國南方、中南半島至馬來半島、蘇門答臘及婆羅洲。另外，還有直立性多年生產於印度次大陸，但很少被栽培作觀賞植物，因此本書只介紹蓮座型多年生及直立性一年生的栽培法。

產於泰緬邊境石灰岩山壁上的某種一年生皮草。

泰國中部石灰岩區產的一年生皮草，花朵算是很大。

馬來西亞霹靂州石灰岩壁的一年生皮草，花朵近似喜蔭花一般大。

多年生蓮座型的皮草，在花期時會自葉腋抽出許多花梗，再依序開出，不像一年生種多是花朵直接開在葉腋中。

多年生皮草

外型及習性，都和非洲堇極為相似。北方山區的原種，冬季很耐寒，夏季多半比較虛弱，有些甚至跟非洲堇一樣，需要冷房度夏。來自南方的種類相當好照顧，幾乎不怕冷不怕熱，且相當耐陰，擺在日陰處，幾乎不需費心栽培，只要跟著其他比較耐乾也耐陰的植物擺在一塊，到了適當時間便會開花。

因為成員眾多，在野外，皮草開花的時間各不相同，故沒有主要花

期。目前已育出不少交配種，也有很多自原種中挑選出來的栽培種，除了美麗的花色外，有不少具有華麗的葉斑。如果嚮往擁有一座擺滿非洲堇或海角櫻草的窗台，又苦惱夏天的避熱問題，選擇多年生皮草會是不錯的替代方案，而且管理上真的非常簡單。只是，由於多年生蓮座型皮草原生在岩壁上，須注意介質的排水問題。

一年生皮草

很容易栽培，但來自

產於婆羅洲西部石灰岩的某種一年生皮草，在玻璃缸中的高濕度環境容易開花。

產於中國西南山區的熊貓皮草 C. dielsii（此學名目前仍有爭議），有著皮草中最華麗的花朵，但不易度過台灣高溫的夏季。

泰國西部石灰岩山區產的一年生皮草，花朵和蘆莉 Ruellia 一般大，植株可達1公尺。

多年生蓮座型的皮草，栽植容易，可採取非洲堇的照顧方式粗放管理。

赤道雨林的種類，由於
原生於山澗、瀑布旁或
洞穴的環境，對大氣中
的溼度要求很高，只能
適應於玻璃花房的栽
培方式。部分來自熱帶
季風林石灰岩山壁的種
類，雨季來時才開始生
長，乾季來臨時，開花

產於越南的多年生的皮草C. tamiana是小型且非常容易栽培開
花的原種，適合初學者。

產於泰國南部石灰岩山區的
一年生皮草，性質相當強
健，常容易溢出成為栽培者
家中季節性的雜草。

多年生皮草的交配種，多半
比原種親本要容易培植。

多年生皮草的交配種，此為葉片狹長的原種所交配，因此
植株比較小，不佔空間。

蓮座型的多年生皮草喜歡日照比較陰的環境，適合栽培在棚架下，日照過多會導致葉片緊縮。

背，具有反射陽光和隔絕酷熱的作用，能保護生長點，不致被太陽烤焦。此時若看到蛛毛苣苔，會以為不過是一堆乾葉子，不過，雨季一到，吸飽了水後，葉片便將再度攤開，迎接新一個成長季節。這樣的生長環境和原生於巴西高原的岩桐極為類似，只是蛛毛苣苔沒有儲水的塊根，必須以特化的構造來度過逆境。

結實後便枯萎。這類一年生皮草的生命力非常強，有時開花結實後，會溢生成無法控制的美麗野草。

蛛毛苣苔

Paraboea

蛛毛苣苔很少被西方國家栽培作觀賞植物，算是被遺忘的一群。分布於中國南方至東南亞的熱帶地區，幾乎和皮草重疊。在很多石灰岩地區，看得到皮草，就看得到蛛毛苣苔。或許是皮草的華麗，搶去了蛛毛苣苔的風采，以至於這種小家碧玉的植物至今還少人關注。

耐旱的超強生命力

蛛毛苣苔有很強的生命力。皮草大多長在石灰岩山壁較陰濕、環境較穩定的地方。蛛毛苣苔則多選擇向陽面的石壁，甚至樹林難以成長的峰頂，這樣的場所，有強光照射，空氣濕度也很低。在乾季，一年生皮草早已乾死，蛛毛苣苔卻像萬年松一般，將毛茸茸的葉背翻過來，它那灰白色的葉

喜歡日照

蛛毛苣苔需要每天直曬陽光，但不用曬太久，只要短時間直曬即

產於泰國西部石灰岩山區的蛛毛苣苔。

可，因為這種特質，不適宜培植在日陰或人工照明的環境。又因為生長環境的濕度低，不適於玻璃花房多濕的環境，栽培時無須顧慮空氣濕度，當作一般喜歡日照的草花栽培即可。

蛛毛苣苔除了不少種類是蓮座型外，也有很多經過多年生長後變成灌木狀的種類。灌木型蛛毛苣苔開花期配上巨大的花序，開滿了花朵，不特別留意，難以想像是苦苣苔的成員。

蛛毛苣苔於乾季休眠期將蓮座型葉子由外往內捲縮，以避免水分散失。

蓮座型蛛毛苣苔在雨季初期，接受雨水滋潤展開葉片。

銀毛的蛛毛苣苔栽植於室內人為光源時，會因光質變化導致葉片銀毛稀疏，而轉呈綠色。

婆羅洲西部山區岩壁上，長著銀毛葉片的蛛毛苣苔。

產於婆羅洲石灰岩山頂上之直立型的蛛毛苣苔，植株宛如小灌木一般。

蛛毛苣苔群生於岩壁上的情形。

婆羅洲中部之馬印國界森林中的蛛毛苣苔，由於當地樹木高聳，樹蔭下石壁上的蛛毛苣苔，葉片較為狹長。

馬來西亞霹靂州石灰岩山壁上的蛛毛苣苔，圖中山壁上銀白的部分即為蛛毛苣苔生長的位置。

口紅花

Aeschynanthus

口紅花是亞洲產著生性苦苣苔中最大的屬，和其他亞洲分布廣泛的著生植物一樣，多由喜馬拉雅山往東南分布到新幾內亞，特別的是，口紅花還往北分布到中國四川及長江流域以南的省份，因此，整個屬所分布的氣候環境相當多樣化。

苦苣苔演化為著生植物的過程中，不像蘭科植物具有可以儲水的莖或海綿質的根，因此多數的著生苦苣苔必須生長在潮濕的森林中。低地森林如果濕度夠，且樹幹有苔蘚可供附著，赤道雨林也可見到口紅花；但是，熱帶季風林區由於乾季過長，且沒有足夠的苔蘚可供附著，往往要到海拔較高的雲霧林或溪谷，才能見到口紅花。

某些往北分布的口紅花，具有相當高的耐寒力，對於寒冷期的低

有著「甜心」之英文暱稱，來自泰國的不明種，至今還不清楚這美麗的植物起源是原種還是交配種，多在高溫的春至秋季不定期開花。

濕度也頗能適應，卻不耐夏季的高夜溫。據筆者在台北長期栽培的經驗，來自熱帶低地的口紅花，遇到冬季寒流來襲，溫度低到8度以下，撐幾天也不成問題。至於台灣平地夏季的高溫，多數高地性口紅花面對四個月的高夜溫（夜溫高於25度），多半停止生長，但不至於枯死。

眾多來自雲霧林的植物中，口紅花對環境變化的忍受度，算相當不錯的。同樣是著生的苦苣苔科植物，來自南美

泰緬國境苔蘚森林中的口紅花原種*A. gracilis*，植株是柔軟的枝條，懸垂自樹幹枝條間，多在春季開花。

泰緬國境苔蘚森林中的口紅花原種 *A. longicaulis*，葉背有紫色斑紋，在低溫季節的冬季開花。花朵與葉背豔麗的色彩相較之下，顯得遜色。

洲高地的鯨魚花，在高溫的夏季很容易衰弱、落葉。

　　口紅花的花季，在野外，可分為周年性開花及成長季節開花。赤道低地雨林及高地雲霧林的種類，在原生地是周年開花的，但是在台灣，因為溫度的限制，低地周年開花種大多在夏秋的高溫季節開花，高地雲霧林的種類則在冬春之間的低溫期開花，過了初夏則會因為進入不適的高溫季節而停止。來自熱帶季風林高地的種類，在野外，

台灣種植口紅花的花季

熱帶低地周年開花種	夏秋的高溫季節
高地雲霧林的種類	冬春之間的低溫期
熱帶季風林高地的種類	冬季開花

也是起源不明的物種，植株是直立非旋垂的型態，多在高溫的晚春至秋季不定期開花。

產於泰國南部森林中的不明原種，葉背和 *A. longicaulis* 近似，但花朵也相當美麗，和 *A. longicaulis* 的綠色花有明顯差異。

某種著生在蘇門答臘高山雲霧林樹幹上的口紅花，葉背有紅斑。

來自緬甸北部山區的 *A. hildebrandii* 是小型可愛的原種，於高溫季節將開始的初夏開橘紅色花。

廣為園藝栽培的口紅花原種 *A. radicans*，經常在花市的吊盆植物中發現。

馬來西亞高山雲霧林的不明原種，花朵色彩相當特殊，是黃色底鑲上紅邊，在低溫季節結束的春季開花。在原生地多是生長在蟻蕨之上，利用蟻蕨自蟻窩所得的養分，直接奪取供生長所需。

多在雨季開花，但在台灣多是冬季開花。

　　口紅花的種子相當特別，為了配合其著生的生長習性，種子演化成具有飛翔能力，如同蒲公英般，可藉由風飄到鄰近的樹梢上。

　　口紅花目前已有許多人工交配種，和原種比起來，更容易適應濕度較低的居家環境。不論是商業培植或興趣培植，口紅花多是以吊盆的方式，懸掛在可以照到部分陽光的地方，夏天高溫期最好放在陽光不會直射但明亮之處。

在婆羅洲山區拍攝到萼片顏色變異的 *A. tricolor* 個體，此花萼為白色。

口紅花原種 *A. tricolor*，擁有一個又寬又淺似碟子的花萼，上圖為未開花前的樣子。在原生地婆羅洲中部是四季常開，台灣多在低溫季節的冬季開花。

來自泰國北部的口紅花原種 *A. fulgens*，葉片巨大且厚實，若不在開花季節見到，極容易讓人誤以為是毬蘭的一種，在台灣多於春季開花。

口紅花 *A. curtisii*，除了和一般口紅花有大同小異的紅花外，還有一個像是喇叭的鮮紅色花萼，在花朵尚未綻放時便可欣賞美麗的花萼懸垂枝間。

也是來自泰北的 *A. evrardii*，花型和 *A. fulgens* 極為相似，但葉片比較小，由於分枝良好，可以開出較多花序，因此常被利用於吊盆栽植。

產於馬來西亞高山雲霧林的 *A. rhododendron* 花型巨大，花朵如其種名像是杜鵑花一般，筆者初次在森林中見到，一開始還以為是某種著生杜鵑。

產於馬來西亞高山雲霧林的 *A. obconicus*，也有淺且寬的花萼，由於葉片巨大且開花性較不理想，比較少見於商業栽培。

在泰緬邊界的森林中，生長在樹幹上的口紅花原種 *A. fecundus*，其枝條較硬，不會懸垂生長。

長筒花家族

長筒花 *Achimenes* 是溫帶國家夏天極受歡迎的草花,主要的栽培方式是:春天將休眠的鱗狀根莖種在吊籃中,如果氣候仍過於嚴寒,就放在室內明亮的窗口,氣溫回升後再掛出去,之後,整個夏天就可以享受它的花趣。

長筒花雖然來自與台灣同屬亞熱帶國家的墨西哥,卻分布於山區,因此,不能適應台灣夏季的高夜溫。春天種植鱗狀根莖後,早開的系統,多半會在還不太熱的初夏開花,隨著夜溫增高,很多種類會開花不良,或因為紅蜘蛛猖獗而導致植株發育不良,甚至枝條枯萎,要等到9月下旬夜溫降低後,植株才會恢復並開花。

長筒花本是夏季開花,隨著秋季的日照變短,植株會減少開花,並逐漸進入休眠狀態,因此,在台灣欣賞的時

花朵近似矮牽牛之巨大花朵的藍紫色垂枝種,適合吊盆栽植。

紫色花算是園藝上比較常見的色系。

這是較少見到的長筒花紅色系統交配種。

黃色系長筒花是育種起步比較晚的色系,因此花型比較偏向原種,花朵也比較小。

小花系統的長筒花園藝種多半分枝良好,不需要像大花種或垂枝種那般費心摘芽以求其分枝多開花。

長筒花家族的花期

長筒花	9月下旬
藍鐘苣苔	10月底至11月初
垂筒苣苔	12月底～至翌年1月中旬

小花型的藍鐘苣苔，花朵宛如六倍利 Lobelia 一般大小，由於枝條分枝良好，會在懸垂的枝端開成紫色瀑布一般。

大花型的藍鐘苣苔，E. Adele花朵宛如迷你岩桐般，在秋季怒放。

間並不長。此外，過了夏季，長筒花的葉子大都被紅蜘蛛毀得差不多了，秋季抽長的枝條，開起花來只是零零落落。或許因為這樣，雖然在歐美極受歡迎，台灣至今還是只有少數愛好者在栽培。

既然高夜溫的夏季是無法避免的，除非是比較不熱的山區，否則建議在生長初期就開始摘心，讓植株產生大量的分枝，並且注意紅蜘蛛的危害，等夏季一過，花朵開在分枝的先端，且會相當茂密。

秋季，長筒花的花期結束後，緊接著便進入藍鐘苣苔Eucodonia 的花期。藍鐘苣苔大約從10月底至11月初，日照變短後才長出花苞，它枝條的分岔性不錯，即使不特別摘心，分枝也會填滿每一個空間，等花期一到，便像瀑布般開滿藍紫色的花朵。藍鐘苣苔的花期結束後，便換垂筒苣苔登場。

垂筒苣苔Smithiantha 在歐美有「聖誕鈴花」之稱，可以想見它是在12月綻放；但台灣低溫來得較晚，花期一般在12月底，甚至翌年1月中旬才開始。花期的早晚，除了受到該年秋季的北方冷氣團影響外（秋天越早變涼，花期越早開始），也因栽培品種的差異而不同，例如白花系統或藍鐘苣苔和長筒花交配的藍紫色交配種（垂筒苣苔這屬並沒有藍紫色的原種）多半比較早開，但是橘紅色系的種類比較晚開。垂筒苣苔的花朵層層排列在長長的花梗上，整串花序開完時已

垂筒苣苔與長筒花的屬間雜交種，擁有垂筒苣苔所少見的紫色，花期介於兩者間。

垂筒苣苔比較早期的交配種，花朵不若今日新育種般巨大，也比較稀疏。

垂筒苣苔的原種 *S. zebrina* 是這屬中最常被用來雜交的原種，葉片上有搶眼的斑紋。

垂筒苣苔的白花原種 *S. multiflora* 是這屬中相當容易栽培的，花期比一般的交配種要來得早些。

在冬季陰晦的日子裡，垂筒苣苔的暖色系讓人有溫馨感受。

接近農曆新年，之後進入休眠，直到翌年晚春或初夏才甦醒。

在台灣北部，垂筒苣苔的花期常是陰雨綿綿，將開花的植株移到無雨的環境，除了可讓花開得較久外，也可避免花朵因為淋雨而感染黴菌。

依成長習性來看，垂筒苣苔及直立性的長筒花因為植株直立，採用盆植或種在花槽中；懸垂性的長筒花及藍鐘苣苔最好種在吊盆或高盆中，讓它自上方垂下來。由於它們大多原生於中美洲山區的岩壁上，每天都接受到短暫

且強烈的光線，因此比一般苣苔需要更多陽光，日照不足或使用人照光源，往往會徒長，所以這類成員不適宜室內栽培。

在台灣，多數種類晚春才發芽，此時可充足日照，但到了高溫的夏季，所有種類必須有

垂筒苔苔的葉色多變，即使是在未開花的高溫生長季節，也可欣賞其美艷的葉片。

粉紫色系統的垂筒苔苔是較晚近育種的色系，有別於早期多是橘、黃白的系統，花朵也較大且花瓣可以完全展開。

利用狹長的空間，栽植一排垂筒苔苔，在年末至新年期間即可擁有節慶感受。

*Niphaea*的花朵像純潔的天使，在其他長筒花家族成員都在休眠之際，只有它開著花。

50%的遮陰，過了秋老虎，充分接受短日曬，花季時可以開得更美。

垂筒苔苔種在北面陽台成長期會比較長，秋季後必須移到東南面陽台；長筒花及藍鐘苔苔則適合種在北面陽台，享受足夠的夏季日照後，即便秋天以後沒有陽光的日子，依然開得不錯，直到進入休眠。

植株休眠後，便可停止澆水，檢查是否放入品種的名牌，然後移到不會淋雨的地方（建議是戶外，因為休眠的鱗狀根莖需要低溫環境，室內多半太溫暖了），翌年春季植株冒芽前，再分盆或換介質。

分盆前，讓鱗狀根莖保存在乾的介質中，不要挖起來儲藏。*Niphaea*是和長筒花近似型態的一個小屬，花朵相當可愛，開花的方式類似藍鐘苣苔，多半在生長期結束前自莖頂部抽出花朵。這屬的栽植方式和其他長筒花家族類似，但生長期截然不同，它們多半在秋冬變涼時自鱗狀根莖抽芽，春季至初夏期間開花，之後地上部枯槁，進入休眠。夏季只要將休眠的植株移到陰涼處，避免澆水或淋雨致使鱗莖腐爛，必須等到秋冬抽芽後再澆水。

長毛岩桐*S. hirsuta*是需要高空氣濕度的種類，性質比較嬌弱，由於體積不大，也適合栽植於玻璃花房中。

大岩桐的原種 *S. speciosa*。

岩桐
Sinningia

大岩桐和非洲堇，是市場上最容易見到的盆栽，夏季高溫季節，開花植物比較少時，更加容易看到。經過人為的挑選與育種後，大岩桐變成花朵朝上的盆花型態，這種花型與溫帶草花中的西洋櫻草一樣受歡迎。今日的岩桐屬，由早期幾個產在巴西的近緣屬所組成。原生地的緯度相對於北半球，相當於台灣或更南的位置，多為熱帶季風和亞熱帶季風林交會區域。

原生地巴西海岸山脈的環境，有點類似台灣中央山脈東部的低山區域，多數種類從南到北都有分布，因此，岩桐屬的栽培，在台灣沒有

展覽會上大岩桐原種與一般栽培園藝種再次授粉的各色個體。

葉片上有白色網脈的大岩桐原種個體S. speciosa Regina。

自大岩桐的原種中挑選出來的個體 S. speciosa Carangola 有極為特殊的色彩搭配，是許多苦苣苔栽培者心目中的夢幻逸品。

太大的困難，除了少部分原種長在封閉型的溪谷環境，需要特別高的空氣濕度外，部分原種生長在海岸山脈後面背風面的巴西高原，當地較乾旱，降雨只集中夏季，因此冬季休眠期需要較乾的環境。

在台灣，一般的岩桐交配種及其近緣種類，擺在北面陽台，接受晨昏少許日曬，就可以長得好，甚至可當作野化的植物不管，只在冬季休眠期減少澆水，待春季萌芽時再澆水，便可以培育出美麗的花朵。

產在乾旱地的岩桐，有巨大的塊根或銀色的葉片，讓人以為可以用仙人掌或多肉植物的方式來栽培，這樣岩桐會

白花的岩桐原種 S. eumorpha 是經常用來作為培育迷你岩桐或矮性岩桐的重要親本。

芳香岩桐 S. conspicua 是這屬中少數具有花香的種類。

管花岩桐 S. tubiflora 也是具有香氣的原種，但植株會抽高，栽培環境也需要比較強的日照，和一般岩桐的日陰環境差異不小。

這兩款都是以岩桐原種 S. eumorpha 所交配的植株，比一般的大岩桐要小，生性相當強健。

旱地型岩桐的交配種，花朵多半較不起眼。

迷你岩桐與大岩桐的雜交種。這兩款都是台灣育種者交配出的優良個體，植株和迷你岩桐一樣小，但是花朵卻比國外的迷你岩桐都來得大。

許多旱地型的岩桐交配種是以欣賞它銀白色的葉片為觀賞重點。

迷你岩桐交配種S. Amizade 是不易栽培的岩桐原種S. kautskyi 的後代，此交配種比起原種要容易栽培。

岩桐原種S. sellovii植株具有巨大的膨脹塊莖，葉片會在休眠季節凋落，只以巨大的塊莖來度過乾季，許多人以觀賞這類的塊莖為樂趣。

冬季即使有澆水，多數的迷你岩桐還是會生長呆滯，若是可以，還是盡量讓其休眠。

被烤焦或乾死。因為乾地性岩桐並非長在光禿禿的地表曬太陽，它們多半也和其他苦苣苔一樣，長在岩縫中，每天也只接受部分時間的日曬。所以栽培乾旱性岩桐時，應給予較多的日照（還是要避開夏天中午的直曬陽光）。由於介質太濕會導致巨大的塊根腐爛，如果和市場常見的岩桐一起栽培管理，乾旱性種類的介

各色之迷你岩桐與超迷你岩桐，可以看出彼此的大小差距甚大。

質，需要增加30%的碎蘭石或珍珠石等排水良好的介質。

　　至於來自潮濕環境的種類，玻璃花房栽培會比較容易，因為它們需要恆定的溼度，密閉的容器較易管理。這類岩桐可用泥炭加上珍珠石的調配介質，待介質乾

了再給予水分。以這類潮濕環境的迷你原種交配中型的岩桐，形成現在較流行的迷你岩桐。

迷你岩桐也很好種，和一般岩桐的唯一差異是所需光線較少，因此也可以採用人工照明的方式在光線不足的場所栽培。冬季時的休眠狀態有時不是很明顯，可以考慮斷水休眠；如果繼續澆水栽種，植株不會完全落葉，但會停止生長。經過休眠，翌年，花會開得比沒休眠的植株來得美。

喜蔭家族

許多不具地下莖或需要休眠的常綠種類，多數都容易栽培，但是因為都沒有地下莖，一旦有個閃失，像是出遠門忘記澆水等，可能因此斷種，所以不容疏忽。

喜蔭花*Episcia*是苦苣苔中最需要高溫的成員，在台灣，大多只有被凍死、少有被熱死的顧慮，因此也是少數在熱帶低地國家可以賞玩

的種類。喜蔭花除了少數斑葉品系較嬌貴外，在台灣，只要掛在半陰或明亮的環境即可生長良好，走莖若蔓爬於地表，只一個夏季便會蔓生遍地。有些品系不那麼容易長走莖，但栽培起來還是一樣不費事。寒流開始影響台灣時，須準備剪取枝條上的小苗，將它種植在小盆中，移到室內窗邊或有室內照明的玻璃缸中越冬，如此，室外的母株若不幸凍死，還有幼苗作為備份。

和喜蔭花極為近緣的蕾絲蔓 *Alsobia* 則好種許多，在台灣，不怕冷熱，只要介質排水良

好，不忘記澆水，放在半陰的環境，即可長得很好。

和喜蔭花曾是同

喜蔭花原種*E. fimbriata*，是對環境溼度比較敏感的種類，栽培不難，但是要見到花則不太容易。

喜蔭花原種*E. lilacina*，比同是藍色花的*E. fimbriata*更容易增殖與開花，花朵很大。

喜蔭花的斑葉栽培種，這類栽培種多有搶眼的粉紅邊，具有很高的觀賞價值，但是對於生長環境相當挑剔，不適合初學者培養。

喜蔭花的栽培種 *E.La Solidad Bronze*，栽培初期生長比較慢，但是後期則很強健，葉色的搭配很特殊。

喜蔭花對冬季低溫相當畏懼，最好每年11月後便移到室內，以玻璃缸保溫。

一屬，後來被劃分出來的 *Nautilocalyx* 以及 *Drymonia* 等屬，外觀像一叢草花或小樹，它們多半都很好種，夏季給予陰濕環境便長得很好，冬季溫度低於10度以下應移到室內避寒，等寒流過後再移出。

這些沒有地下莖的種類中，少數種類產在非常高濕度的環境，種在玻璃花房中較合適，若種在濕度不穩定的戶外，沒多久植株就會衰亡。類似喜蔭花的生長方式，但親緣較遠的還有 *Gesneria*，這屬也需要很高的空氣濕度，由於它們沒有肥厚的葉片或地下莖，絕對

市面上最常見的蕾絲蔓是交配種 *A. San Miguel*，在高溫的季節以吊盆栽植，幾乎開花不斷。

不可以讓它們乾透，一旦乾透便無法復生。和 *Nautilocalyx* 及 *Drymonia* 屬類似，也像小灌木狀的 *Corytoplectus*，來自厄瓜多安地斯山東側的潮濕高地雨林，在台灣夏季很怕熱，需注意避暑。

蕾絲蔓的原種 *A. dianthiflora* 具有美麗的花邊蕾絲，但對於高溫的夏季有生育不良的情況，不如交配種那般經常開花。

Nautilocalyx sp.不知名的原種，葉片與花朵都很吸引人，只適合栽植於玻璃花房中。

N. sp. Gothenburg個性和*N.* Caribbean Pink 類似，植株會四處蔓延擴散，適合日陰的花園。

*N. pemphidius*是植株低矮且容易分枝的種類，適合栽植於玻璃花房中。

N. Caribbean Pink是個近似雜草的超級強健植物，適合在日陰的環境栽植，在高溫季節總是開花不斷。

各種適宜栽植在魚缸中的*Nautilocalyx*的原種，葉片上的花紋極盡華麗。

*N. lynchii*的植株高大，宛如小灌木一般，因此不適宜擺入玻璃花房中，紫色的葉片在綠意盎然的雨林植物中很搶眼。

*Drymonia chiribogana*是這屬中少見擁有美麗葉片及花朵的原種，花朵顏色與大小近似花臉苦苔，絲絨質地的葉片上還有銀色的葉脈，植株猶如小灌木。

*Drymonia strigosus*的葉片沒有*Drymonia chiribogana*搶眼，但會在葉腋間懸掛著許多粉紅色的花萼，再開出淺黃色的花朵。

*Gesneria christii*的葉片相當柔軟，只適合栽植於高濕度的玻璃花房中。

*Corytoplectus cutucuensis*來自安地斯山的雲霧林，於夏季需有萬全的降溫設施。

*Gesneria cuneifolia*是這屬最常見的種類，和其他種類相比，雖然可接受比較大的溼度變化，但還是喜歡高濕度的環境。

花臉苣苔

Kohleria

花臉苣苔的生長環境和長筒花家族極為接近，只是分布的區域較偏南，氣候由季風熱帶林轉為終年降雨的赤道常綠林，以及這兩種氣候的交接處。雖然花臉苣苔具有鱗狀根莖，但不具備明顯的休眠期，台灣冬季不嚴寒，多數都終年常綠。以一般排水良好的介質栽培，一年後會長成一叢。 對光照的適應範圍可說很大，一般只需明亮的日陰，稍微明亮如栽植岩桐的光照也可。花期多半從春節後開始，一直延續到初夏才結束。

和花臉苣苔生長方式相近的苦苣苔不少，大多是來自安地斯山北部的近緣屬，包括小圓彤 *Gloxinia*（*Seemannia*）、*Pearcea* 及 *Gloxinella* 等小屬。它們多半也是整年維持常綠，但以鱗狀根莖在地表下亂竄，變成巨大群落。小圓彤大多

由此張圖可以看出大花種與一般交配種的花徑大小之差。

台灣育種者育出的多花性種 *K.* HCYs Sweet Sixteen 。

在冬季日照變短時才開花，和藍鐘苣苔或垂筒苣苔的花期接近。而 *Pearcea* 及 *Gloxinella* 兩屬原生於潮濕的雨林中，栽培環境首重穩定且高濕度，無法忍受過大的溼度變化，若種在陽台，沒多久植株就會越長越小，甚至消失。最好還是養在玻璃花房中；如果能以人工照明，也可以在室內的一角簡單栽培。這兩屬雖然不太常開花，但美麗的葉片已賞心悅目。

花臉苣苔的雜交種K. Jester。

K. HCYs Just An Affair 有遍布碎點的特殊花色。

交配種K. HCYs Whim 花瓣正面的底色為白綠兩色再配上暗色點。

粉紅色的底色配上艷麗紅色斑塊的交配種。

花瓣有著紅色鑲邊的交配種 K. HCYs Hot Ember。

Gloxinella lindeniana 主要還是以賞葉為主，因為需要高空氣濕度，最好栽植在玻璃花房中。它的花也很美，只是不常開，

最常見的小圓彤 *Seemannia sylvatica*（有時稱作*Gloxinia sylvatica*），即使是水泥牆的裂縫，也可以生長良好。

片多數中等大小，和口紅花差不多，花色以紅色居多，少部分黃色，由於常可在園藝店看到，人們很容易將它與口紅花混淆。在自然棲地，兩者的生態位置也極類似，只是口紅花著生在亞洲森林中，以太陽鳥或其他吸食花蜜的小鳥為其傳遞花粉，鯨魚花則著生在美洲森林，以蜂鳥為媒介。

觀花種依其開花性質，可分為季開型及全年開花型，季開型多半在冬季受到低溫刺激，於翌春一次綻放所有的

鯨魚花
Columnea

鯨魚花屬是經過多次合併的一群，不少種類的外觀差異非常大。以外觀區分，可簡單分為觀葉種和觀花種。

觀花種的葉片多是兩片一樣大，一對對葉片整齊地長在枝條上，葉

Gloxinia perennis 相當適合台灣的氣候，喜歡排水好的介質，可當作一般草花栽培。

鯨魚花的黃花交配種 *C. Apollo*是最常見的黃花種，算是不定期開花的系統，因此花朵無法像單季開花系統一次全開那般華麗。

鯨魚花原種C. schiedeana的花，有像似花豹的斑點，在這屬多是偏紅黃色系花朵中，算是極為顯目的。

銀葉鯨魚花C. argentea 有銀毛覆蓋的葉片及黃色花朵。

鯨魚花原種C. orientandina的葉片先端具有紅色的斑塊，以吸引蜂鳥來授粉。

鯨魚花原種C. sanguinea不起眼的小花，只能以葉背的紅斑來讓蜂鳥知道花期到了。

花，因此花期常看不到葉子。全年開花型在溫度適合的條件下，可以全年邊長邊開花，但是台灣的夏季似乎溫度過高，冬季又偏冷，所以花期多在春季至初夏，盛夏停開，至秋季再繼續開到冬季。

觀葉種的鯨魚花，花朵多是不明顯的管狀花，隱藏在葉腋中，花期來臨時，葉背會出現紅色斑塊，利用透過葉片的陽光在樹枝上散射出紅色的光彩，引誘蜂鳥前來一探究竟。這類觀葉型的鯨魚花雖然也是兩片葉一對對地長在枝條上，但一片非常大，一片非常小，左右

鯨魚花的園藝交配種，這類的種類多具有像是火焰般的花朵，作為吊盆植物是很吸引人的。

鯨魚花原種 *C. ornata*，也是葉背會變色的種類，這類原種的花色多半較不顯眼。

交替地長著，在植物中算是罕見。

鯨魚花大多原生在中南美洲海拔較高的雲霧林，許多種類需要濕度高的生長環境，冬季比較好照顧，但夏季遇到高夜溫及白天空氣濕度偏低時，很容易衰弱而落葉，此時不移到涼爽處，往往還沒到秋天就死去。由於鯨魚花對環境變化的抵抗力不及口紅花，近年來商業栽培

的苗圃越來越少，所以花市已不多見。

袋鼠花及玉唇花

Nematanthus & Codonanthe

袋鼠花和玉唇花外觀相近，生態環境也類似，都屬於著生植物，並來自相近的分布區域。但由於花粉傳遞者不同，花色及花型有著不小的差異。

為了吸引鳥類，袋鼠花多呈紅色、粉紅色，甚至黃色等鮮艷色彩

袋鼠花原種 *N. fluminensis*，葉背暗紅色，黃色的巨大花朵往下懸吊。

袋鼠花原種 *N. maculatus*，葉背具有紅點，花朵粉紅色，呈反折往上翹的怪異形狀。

袋鼠花原種 *N. gregarius* 最強健，是花市最常見的吊盆植物。

（部分種類甚至宛如觀葉型鯨魚花，葉背上有色斑）；而玉唇花是苦苣苔科中，少數跟蟻類共同生活的蟻植物，花色以白色為主。這兩屬除了少數分布在西印度群島，大多分布在緊鄰海邊山區的巴西東南部海岸山脈的森林中，空氣濕度不如雲霧林穩定，因此兩屬的葉片比較厚，很多甚至外表光滑、呈革質。由於巴西海岸山脈和台灣的地理環境近似，只要掌握著生植物的基本需求，很容易栽培。

幾乎和口紅花一樣，袋鼠花和玉唇花種在吊

袋鼠花原種 *N. fritschii* 的粉紅色花朵，配上美麗的葉子是極具觀賞價值的原種。

袋鼠花原種 *N. fritschii*，葉背像是以綠色邊環繞著紅色圓斑，色彩配置很特殊。

盆中就不太容易死去，
除了盛暑，枝條上幾乎
常年掛滿花朵。正因為
容易照顧，也是商業生
產較多的種類，可以在
花市看到。栽培時，要
注意夏季不要曝曬於陽
光下，應置放在陰涼有
濕氣的環境，涼爽季節
也要接受短時間的晨昏
日照。

袋鼠花交配種*N. Bijow*，葉片背後也有紅斑，生長勢極強，
幾乎整年都盛開。

袋鼠花之花瓣上具有條紋的
交配種。

玉唇花的原種*C. venosa*，厚
實的葉片上具有細密的白色
脈紋。

夏季常可見到以吊盆型態販賣的玉唇花，由於開完花還會
結紅果子，又容易培養，很受歡迎。

其他亞洲的不明種名或原種的苦苣苔

Epithemia sp.

Henckelia sp.

不明原種

Monophyllaea sp.

不明原種

不明原種

Rhynchoglossum sp.

第二章
薑科植物

薑、蝴蝶薑、鬱金、凹唇薑、
孔雀薑、船苞薑、大苞薑、布
比薑、月桃、火炬薑、舞薑、
閉鞘薑、其他薑屬植物。

第二章 薑科植物

薑、蝴蝶薑、鬱金、凹唇薑、孔雀薑、船苞薑、大苞薑、布比薑、月桃、火炬薑、舞薑、閉鞘薑、其他薑屬植物。

薑科植物過去也包含廣泛分布於世界各地的閉鞘薑,但目前多半已經將它分出。薑科植物在亞洲熱帶森林中分化出許多物種,也幾乎成了蘭科以外最重要的觀賞植物。

由於薑科植物含有多種藥效成分,以薑科植物為草藥和香料的配方,在亞洲各地不同的文化處處可見。或許這些古老偏方,將來會是治療現今醫學不治之症的線索。

在熱帶亞洲廣大的棲息地,薑科眾多的成員交錯散布在各種不同的自然環境。薑科植物在原生地的分布,除了少數的薑屬、蝴蝶薑、月桃及鬱金等屬分布比較廣外,其他多數的屬是呈現地域型。因此在討論如何種植它們時,需要先考慮該種類分布的氣候環境,以及它是否需要休眠。

即使是同一屬,有些也有很大的差異。因此,種植時,可將不同屬、但來自類似環境的種類擺在一起,比較容易管理。如果只依照屬別擺置照料,往往會順了姑意而逆了嫂意。

在人為花園中,薑科

Renealmia sp.是熱帶美洲唯一分布的薑科植物,攝於亞馬遜河上游的熱帶季風林。

植物目前還僅限於部分蝴蝶薑、孔雀薑、鬱金等幾種，其實還有很多美麗的薑科植物尚未被人們熟知。

薑
Zingiber

　　這裡指的是我們日常食用的薑。「薑」這個字，在中文裡，也被用來當作這個科所有成員的共通稱呼，不過，也有不少不是薑科的植物也被稱為某某薑。這屬植物幾乎分布於整個熱帶亞洲及太平洋島嶼，甚至往北至日本。雖然薑屬包括一百多種，作為觀賞植物的卻很少。

產於婆羅洲西部的薑原種 *Z. acuminatum* var. *borneense*，多發現於石灰岩基質的森林中，需要非常好的排水介質和高空氣濕度，葉片具有美麗的銀斑。

泰國的氣泡薑 *Z. ottensii*，花序的萼片像氣泡一般，此原種來自季風氣候的森林，乾季會休眠。

拍攝於蘇門答臘高海拔森林中的某種薑屬植物，花色是極為特別的白色。

人們栽培它，多半還是著眼於藥效和食用。

分布在北方及熱帶季風林的薑，大多冬季休眠，容易管理。

　　原生於終年降雨的雨林種類，則需要恆濕的環境，當冬季低溫、

來自馬來半島的薑原種 *Z. spectabile*，是這屬中被當作觀賞植物而大量商業栽培的種類，多用在景觀植物或切花栽培，開花初期花萼為綠色，之後因日照逐漸轉紅。

寒流來臨時，特別需要細心照料，如果是盆植者，可移到室內避寒，種在室外的沒法移動，只能用塑膠布稍微包一下。由於根部在土中，塑膠布可作為土中根莖適當的溫度緩衝，最終頂多葉片稍微凍傷而已，等到來年夏天長出新葉後，再將受損部分修除即可。有些薑因為花梗頗長，被專業栽培供作切花用，例如蜂巢薑。

拍攝於婆羅洲中部赫斯山群的薑屬原種 *z. pachysiphon*，花萼外側是奇特的紫色，內部卻是白色，是相當獨特的色彩配置。

產於泰國中部的薑原種 *z. gramineum*，花萼像毛線球般具有許多細毛，也是乾季會休眠的種類。

廣為園藝栽植的白薑 *z. niveum* Milky Way，是近年來才定名的新種，花萼的顏色相當特殊。

產於泰寮邊境的小型薑屬植物，有別於一般薑屬植物多是自根莖上抽出花序，在接近地表處開花的常見方式，本種是在莖頂端長出花序。

產於馬來半島的薑原種 *z. kunstleri*，在陰暗的森林底層，其巨大的橘紅色花序非常搶眼。

攝於泰緬邊境森林中的薑原種 *z. junceum*，也會隨著花開的時間由黃轉紅，在乾季會休眠。

斑馬薑 *z. collinsii*。

產於越南的斑馬薑 *z. collinsii* 以及馬來半島的午夜黑薑 *z. malaysianum* Midnight，顏色對比強烈，午夜黑薑是常綠性，而斑馬薑來自季風氣候森林，會在冬季休眠。

產於泰國東北湄公河流域之砂岩地帶的某種薑，葉片中肋具有銀斑，是乾季會休眠的種類。

蝴蝶薑

Hedychium

我們熟知的野薑花，擁有本屬中最大的花朵以及最強的適應力，因而是本屬中最有名、分布最廣的物種。源自於印度的野薑花，不但已經在亞洲各地園藝化了，甚至在野外也歸化了，連非洲的馬達加斯加（當地人說是原生種）

或加勒比海的眾島嶼以及寒冷的安地斯山上都有，甚至古巴還以它為國花，稱之為「蝶之花」。

蝴蝶薑依據其生長習性，大約可分兩類，一種是喜馬拉雅山的地生種，另一種是馬來的著生種。

地生種蝴蝶薑：分布區域自喜馬拉雅山的南坡，一直延續到雲南及泰緬北方國界的山區，在臨印度洋的潮濕季風吹襲的坡地上成長，於夏秋之際開花。當冬季乾冷的空氣自青藏高原越過高山，蝴蝶薑便脫離地上部的假莖與葉片，進入休眠狀態，一直到翌年初夏，印度洋潮濕季風再度吹起才重新生長。

地生種除了我們熟知的野薑花外，還有多種色彩鮮豔的原生種，如橘色、紅色及黃色。由於多彩原生種的花朵都較小，且少有香味，因此，二十世紀中葉，許多美國、澳洲及日本的育種者著手將它們與白色的野薑花交配，而有了今日許多美麗的交配種。今日所見的交配種，經過多次選拔，不但色彩鮮豔，多數還有香味，宛如野薑花。但是交配種通常植株高大，且需要強光，室內斜射光線無法維持生長，比較適合在光線好的花園培植，如果要在陽台栽種，則需大盆。

來自婆羅洲高海拔山區的蝴蝶薑原種*H. cylindricum*，在沙巴的神山公園幾乎四季開花，但是在台灣平地的夏季需要注意高溫及乾燥。

產於馬來半島的蝴蝶薑原種 *H. longicornutum*，在原生地多以粗大的根系附著在樹幹上，花朵不是很美但香氣四溢。

園藝雜交種的黃色蝴蝶薑。

產於泰國與馬來西亞交界森林的某種著生型蝴蝶薑，花朵剛開為白色，隔天即轉黃，像忍冬一般，也具有強烈的芳香。

產於泰國北部及寮國的岩生型蝴蝶薑 *H. villosum*，花朵在夜晚才有香氣，需要排水好的介質。

著生種蝴蝶薑：從泰緬交界的山區，一直往南經過馬來半島、蘇門答臘至爪哇及婆羅洲分布。除了少數泰緬北方的種類，因為生長於熱帶季風林，乾季會落葉外，其他分布於赤道降雨林的都是多年生常綠。著生種都具有粗大宛如萬代蘭般的根系，纏住樹幹，挺立於高樹之上，少部分則附生於石壁。

著生種蝴蝶薑的植

蝴蝶薑的花朵多具香甜的蜜腺，螞蟻等昆蟲常來取食。

產於馬達加斯加東部森林沼澤的某種蝴蝶薑，和亞洲四處歸化的野薑花 *H. coronarium* 極為相似，植株也很高大。

野薑花 *H. coronarium*，是這屬中花朵最大的種類，其他雜交的園藝種都難以相比。

產於喜馬拉雅山麓的蝴蝶薑原種 *H. ellipticum*，對台灣平地夏季的高溫並不具有忍受性，在山區反而較容易栽培。

產於泰緬邊境南端的馬來半島北部之某種著生型蝴蝶薑 *H. khaomaenense*，多著生於樹上，夜晚具有強烈的芳香。

54 ◎雨林植物觀賞與栽培圖鑑

蝴蝶薑的交配種。花朵近似親本的紅花蝴蝶薑H. coccineum，花多但是不大且沒有香味，這類交配種多半不適合栽植於盆中。

H. stenopetalum 為喜馬拉雅山系的大型種類，莖幹可超過 3 公尺。花序長，分布廣泛，自印度東北部沿著滇緬泰交界的高地，延伸至越寮北部及中國黔桂等省。（攝於泰緬邊境）

株多半比喜馬拉雅山的種類矮小，花朵雖然有香味但較小，顏色只有淺黃或白。近來有不少美國的育種者育出較矮小且花朵香味特殊的種類。著生種所需的光線較少，也不需要太大的盆子，可植於小陽台。

蝴蝶薑常綠的種類可以終年澆水，冬季休眠的種類，等葉片變黃脫落後再斷水。有些喜馬拉雅山冷涼山區的種類，在台灣溫暖的環境下不會落葉，可繼續澆水。蝴蝶薑多在傍晚開

在亞熱帶地區的蝴蝶薑於冬季多半進入休眠，此時當季所結的果實會成熟變色吸引鳥類取食，使種子得以擴散。

花，翌日中午出現凋萎現象，如果中午至下午的日曬不很嚴重，花可維持兩天，因此若要摘取花朵增添室內芬芳，建議選在傍晚時刻。

鬱金

Curcuma

鬱金也是個龐大的屬，分布地區從印度至中南半島為主，少數幾種甚至分布於澳洲。由於許多種類具有藥效，例如薑黃、鬱金以及莪朮等，自古便被引至各地栽培，原生地的分布情形反而少為人知。

由於這屬非常龐大、混亂，有人曾試圖依據親緣關係分成幾個族群，例如依據開花方式（花梗直接自土中根莖抽出，或先長葉片再自葉鞘中抽花），或小花構造（我們一般會注意

鬱金原種*C. thorelii*的大花園藝選別種，有「清邁之雪」的稱呼，多用在盆栽或造園景觀。

*C. thorelii*的雜交種，花朵大型且質地很厚。

的都是花鞘），或花的顏色等，但似乎都不具說服力。

雖然印度及泰國發表過許多種類，但兩國之間的緬甸，還有很多種類沒發表，每年總有幾

個新種，被緬甸工人帶到泰國，每次出現，除了讓人驚豔外，更懊惱之前的分類法都無法收納這些新成員，並想望還有很多未知的種，隱藏在緬甸東部及北部的森林。

鬱金原種*C. parviflora*的深紅色苞片的選別個體，一般種的苞片為綠色。

某種小型的鬱金原種，產於泰緬交界區，適合小盆栽種植。

鬱金原種*C. harmandii*，來自泰國東北部或寮國南部的湄公河流域，花苞為綠色。

華麗的園藝交配種，苞片依
層次不同而有不同的顏色變
化。

截至目前為止，育種上最完美的交配種鬱金C. Ladawan。這
是薑荷花與泰國寶石兩個原種雜交育成，此交配種繼承兩
親本的優點，花梗長且苞片大。

薑荷花C. alismatifolia在泰國東北部季風林緣的草地原生環境。

藥用的鬱金，雖然常人多半耳熟能詳，但見到植株的機會反而不多，最常見到的是俗稱的「薑荷花」，不但夏季可以看到切花，盆花市場及花壇也出現它的身影，是台灣高溫季節中少數開花良好的植物，且外形頗似鬱金香。目前薑荷花已被人為選別出各種色彩及品種，甚至還有很多和別種雜交育成的新種，可算是薑科植物中最具園藝價值的一屬。

薑荷花C. alismatifolia的白花
園藝選別種。

暹羅紅寶石與薑荷花的園藝交配種，花梗長且質地硬，極
適合切花。

以各種鬱金搭配栽植的幾何式花壇。

鬱金的生長勢在秋季告一段落，當葉片開始轉黃，便可以
開始減少灌水準備休眠。

所有的鬱金屬都來自熱帶季風林和亞熱帶森林，有季節變化，最常見到的環境是森林與草原接界處，在不很濃密的森林中也分布少數種類，但在終年降雨的熱帶雨林中極少見。

鬱金屬所有種類都無法終年成長，需要經過一個休眠季節的循環。原生環境開始降雨，便是成長季節的開始。第一次降雨後便搶先開花的種類，不少是直接自土中抽花梗開花的，雖然開花的習性相似，但親緣關係卻不一定很近。多數種類還是要等到雨季中期，長了足夠葉片才開始開花。

植株第一次開花後，會抽出新的生長點。小型種多半可以抽很多次芽，也可以接連開花，直到雨季結束。中型種再度抽的芽是否可以開出許多花梗，要看母株的營養條件。至於大型種，新生的芽多半只能長葉片，無法像中小型種再度抽出許多花梗。

鬱金同色系花朵的原種，單由植株上的花很難判別種類，若將花朵採下來比較，即可輕易發現差異。圖為幾種黃花系統的大型鬱金之花朵，由上而下分別為泰國寶石、彩虹寶石南方型、彩虹寶石北方型、高棉寶石。

雜交種與親本的排列，上下分別是原種親本的泰國寶石以及薑荷花，中間是兩者的交配種 *C. Ladawan*。

有時遇到一些擬似種類，也可以將花朵摘下來比對，圖中是條紋型花萼之紫色花中型種的花朵排列比較，由上而下分別是鬱金原種 *C. rhabdota*、*C. gracillima*，下面兩種是泰緬邊境被稱作北碧府產的 *C. rhabdota* 的未定名種，由於花朵差異大，或許將來會被歸類為另一新種。

花朵開放時間也因種類而有差異，中小型種的小花是藍紫色，大多是半日花，早上開，中午即閉合；中大型種是黃白色系的小花，可開一整天，早上開到落日才閉合，若對授粉有興趣，不妨上午採取行動。商業化的切花大多屬於中小型原生種，大型種雖然花朵巨大且華麗，但因開花性不好，且需要大空間栽植，植株長成巨大群落後，才容易一起開花，所以較常利用在造園上。

中小型種適合栽培於花盆或花槽中，大型種栽培於盆中時，大多只能長至原本高度的一半，花朵也會變小，不少種類甚至只長葉子，無法開花。多數中小型種需要較充足的光線，尤其葉片細窄且表面光滑的種類，需要直曬陽

在有限的盆栽空間栽植兩個以上的鬱金種球時，建議每個種球芽眼沿著盆朝同一個方向，以避免生長期的芽相互交錯，致使生長空間不足。

幾種小型的鬱金如暹羅紅寶石 C. sparganifolia
以及鬱金原種 C. gracillima，都很適合小空間
的盆植。

今日泰國已利用多種不同色系的近緣種，
雜交出各色的鬱金交配種，以供切花。

大型種的鬱金需要很大的空間，比較適合
地植或大容器，盆子太小多半不易開花。

光；大型種或葉面寬廣且布滿細毛
的種類，需要較短的日曬，即使是種
在朝北的陽台，也可以利用夏季北
面有陽光照射的季節來培育，但要
依照栽培種類所需的條件，來決定
擺放位置。

彩虹鬱金 C. aurantiaca，產於泰緬邊境的北方
型，顏色和產於馬來半島的基本種相比，
顏色顯得淡薄，植株也比較低矮。

高棉寶石是個顏色多變的原種,苞片顏色由菊黃、米白至綠色都有。

色彩鮮艷的緬甸寶石 *C. roscoeana*,廣被栽培,但和其他泰國的原生種似乎不很近緣,因此未見其交配種。

緬甸寶石 *C. roscoeana* 的原生地景觀,和多數的鬱金生長在明亮的季風林緣不同,此種多長在濃密較為遮陰且高濕度的森林中。

暹羅紅寶石C. sparganifolia，今日已經有許多園藝選別種，花色變化多端，是優良的小型種鬱金。

鬱金原種C. gracillima，以往和苞片也是條紋的C. rhabdota容易混淆，其實本種是小型種，植株和暹羅紅寶石相仿，而C. rhabdota是中型種，植株近似薑荷花，也很適宜於小盆子栽植。

顏色豔麗的鬱金原種C. rubrobracteata，苞片貼地長出，比較適合盆栽。

產於泰國南部的某種鬱金，先開花後長葉的品種。

苞片有強烈對比顏色的鬱金原種C. rhabdota，產於泰國東北部與寮國，已有許多和薑荷花等其他原種的園藝交配種。

彩虹鬱金C. aurantiaca的基本種，顏色是深橘色至粉紅色之間的多種顏色變化，植株高大，較適合於花園栽植，產於馬來半島北部，喜歡比較日陰的環境。

產於泰國的大型鬱金原種C. amada，至今還未廣泛用於園藝栽培。

先開花後長葉的鬱金原種C. angustifolia。多被當作野菜一般，採集燙熟後供食用的辣椒沾醬素材。

最常見的鬱金C. domestica，廣為藥用栽培，很多人將它和先開花後長葉的薑黃混為一談，其實它們是兩種不同的植物。

泰國寶石C. cordata是美麗的大型種鬱金，廣泛分布於泰國中部及東部，花色變易繁多，也有美麗的白花園藝選別種。

產於泰國北部的鬱金原種C. ecomata，巨大的花朵苞片緊貼地面，粉紫色的苞片配上紅色的花朵相當華麗，是鬱金屬少見的色系。

產於泰國中部的鬱金原種C. singularis，淺色系的苞片也是緊貼在地，然而巨大的白色花朵卻比苞片還醒目，像是落在地面的白蝴蝶一般。

此鬱金原種攝於泰緬交界的山區，苞片像是開在地面的紅玫瑰。

某種鬱金原種，是苞片上有著綠色與白色條紋的中型種，顏色很素雅。

小型的綠花鬱金原種C. larsenii，由於泰國東部的森林環境已遭破壞，近年來很罕見。

泰國寶石C. cordata與高棉寶石的天然雜交種，只發現於泰國與高棉交界的區域，顏色多介於橘色與粉紅相間的色彩，花梗長且巨大，在自然界極少見。

來自泰緬邊境的鬱金，具有白色的苞片與花朵。本種花期很長，幾乎整個雨季生長期都會不斷地抽出花朵。

鬱金原種C. cochinchinensis，先開花後長葉，花朵外觀和鬱金原種C. singularis近似，但花朵內部構造不同，且地表不具有明顯的花萼。本種花朵可以全日開放，盛花期，白天可見像是一群白蝴蝶飛舞在地表。

來自緬甸的某種鬱金，白色的苞片配上紅色花，這是不曾被發表過的原種。

來自泰國東北部的鬱金，花朵色彩艷麗，從接近地表的不起眼的苞片中開出，花期很長，幾乎整個雨季皆可欣賞。

在泰國與緬甸交界的邊境市集上，看到來自緬甸的野採鬱金，有許多可能是至今尚未發表的種類。

　　史密斯薑（*Smithatris*）極接近鬱金屬，算是新近發表的屬，若是只看植株及苞片，容易誤認它也是鬱金的一種，但仔細觀察花朵，可發現它的構造和鬱金有很大的差異。這屬目前包含兩種，栽培管理和中小型鬱金相近。

S. supraneanae

S. myanmarensis

凹唇薑

Boesenbergia

　　凹唇薑對東南亞的人來說，就像我們提到薑那般親切，因為這屬在當地有多種可作為藥用或食用；但被開發為觀賞的種類幾乎沒有。其實還有很多隱匿於雨林深處的物種，它們不僅具有可愛的花朵，花朵的差異性也相當大，有些種類甚至還有讓人驚艷的華麗葉片。

　　這屬之中產於中南半島熱帶季風林的種類，大多和鬱金一樣，需要比較明亮的光線，且在冬季休眠。

產於婆羅洲石灰岩山區的凹唇薑原種*B. variegata*，圖為葉面凹凸不很明顯但葉色為銀灰色的個體。

產於婆羅洲沙巴與沙勞越邊界森林中的圓葉凹唇薑*B. orbiculata*，奇特的圓形葉，走莖在林床的落葉層中到處蔓生。

產於泰國的凹唇薑原種*B. prianiana*，相當容易栽植，夏季生長期可以接受全日照，冬季休眠期需斷水。

產於泰緬邊境森林中的某種凹唇薑，需要較高的空氣濕度與遮陰，冬季也會休眠，葉片上有紅褐色的斑紋。

產於婆羅洲石灰岩山區，近似凹唇薑原種 *B. variegata* 的植株，葉片上的凹凸非常明顯，需要很高的空氣濕度。

原產於婆羅洲馬印邊界上的某種凹唇薑原種，被發現於花崗岩山的森林中，植株多附生在岩壁的苔蘚上，需要排水很好的環境。

產於泰緬邊境森林中的凹唇薑原種*B. longiflora*，花朵分別由走莖上的花梗另外抽出，不像一般的凹唇薑是開在葉腋中。

原生在馬來半島泰馬邊境上森林中的某種凹唇薑，多數生長在石灰岩裂縫中的淺薄土壤。

原生在馬來半島泰馬邊境森林中的凹唇薑*B. curtisii*，植株多是直接附生在石灰岩壁上。

來自馬來半島或其他
印尼島嶼的熱帶雨林的
種類，多長於雨林中陰
暗的林床和石灰岩壁
上，需要遮陰及非常高
的空氣濕度，如果家中
的空氣濕度不夠高，植
株會比較虛弱，因此宜
採用玻璃花房栽培。雖
然需要高空氣濕度，但
介質傾向排水良好，並
以有機質與石塊為主，
若深植於泥質類的介
質，易導致地下根莖腐
爛。

產於馬來半島的的凹唇薑原種*B. plicata*，花朵呈現出讓人不
敢相信的透明質地，即使授粉的昆蟲進入，也可以看得一
清二楚。

凹唇薑原種*B. hutchinsonii*，
產於婆羅洲沙勞越北部石灰
岩地區的森林中，葉片厚而
直立，凹凸的葉表宛如洗衣
板。

東南亞料理中最常用的甲猜*B. rotunda*，是最常見到的凹唇
薑，花朵相當美麗，喜歡充足的日照。

孔雀薑
Kaempferia

孔雀薑是廣作園藝栽培的種類，也是極為常見的觀葉植物，不少種類具有藥效。給人的印象是，葉片大大的，具有孔雀羽毛般的斑紋，總是緊貼在盆子上。薑科的同屬成員多半長得差不多，但是孔雀薑這屬卻因種類的差異，有各種不同的外觀，讓人無法聯想它們都是同一屬，分類上至今也像鬱金那般，令人感到混亂無法理解。在野外，常常可以看到葉色斑紋類似、花朵卻不同的種類混生在一起，或是葉色斑紋不同、花朵卻相似的種類長在一塊。正因為這麼複雜，蒐集者多以一些代稱來為一些沒有名字的原生種命名。

一般人見到孔雀薑，

孔雀薑原種*K. rotunda*，是有名的先開花後長葉的原種，由於分布廣，各地的變異種不少，花開在草地上時甚為壯觀，因此又有「亞洲番紅花」之稱。

孔雀薑原種*K. parviflora*在泰國是具有療效的民間用藥。

先開花後長葉的孔雀薑原種*K. albostellata*，習性和*K. rotunda*相似，但花形不同。

孔雀薑原種 *K. roscoeana*，花色只有白色一種，但葉片顏色的組合卻很多樣。

花朵和葉片都很美麗的孔雀薑原種*K. minuata*。

孔雀薑原種*K. rotunda*，它的變異不僅表現在花朵上，連葉片的花紋也變化多端。

自然就會將它歸類為來自赤道雨林底層幽暗一角的林床植物，在庭園布置上，也有人用它來替代玉簪在溫帶花園中的角色，將它種植在樹蔭下。讓人無法想像的是，在原生環境裡，常見的美麗孔雀薑 *K. pulchra*，其實長在森林中石灰岩峭壁的裂縫上。原來孔雀薑無法附生在樹幹上，不像著生植物可以獲得足夠的光線，森林中，唯有高聳的石灰岩才能在茂密的樹冠層開個洞，讓陽光有機會照射到岩壁。這種環境雖然只有短時間

孔雀薑原種 *K. angustifolia*也是葉型變化差異大的種類，若不開花，很難想像都是同一種。

絲葉孔雀薑 *K. filifolia*，具有孔雀薑屬中少見的線型葉，如果不開花，難以將它和孔雀薑做聯想，又因夜晚開花，多數人難有機會一睹美麗的花朵。

來自泰國中部石灰岩地帶的某種孔雀薑 *K. sp.*，花朵是這屬中少見的黃色，葉片的花紋十分多樣。

來自泰國北部石灰岩的孔雀薑 *K. laotica .*，葉面具有複雜的網紋，開白色花。

可獲得直射陽光，對孔雀薑卻已經足夠。人為培植孔雀薑時，如果覺得葉柄常軟弱徒長，別移到陽光曝曬的環境，會被烤焦，只要放在夏季有一、兩小時日照的北面陽台即可。

除了花市常見的美麗孔雀薑（其實這是一個類似種混雜的龐大族群的簡稱）外，還有很多種類長在草叢中，如線葉孔雀薑等，它們依賴夏季生長期的禾本科植物遮陰，獲得日照均衡但不過於曝曬的環境。

另外，熱帶季風林還有許多孔雀薑，分布在山丘林緣的坡地上，多半長於明亮的日陰環境，短時間直曬陽光。所以，家中培養孔雀薑，最好也能提供這樣的日照條件，盆中介質也要盡量具備良好的排水性。

孔雀薑冬季需要休眠，因此，冬季到初夏萌芽前，需要保持盆土乾燥。開花習性因種類

有很大的差異，多數在長出兩、三片葉後開始開花，花朵大多在早晨開，於中午凋謝。例如線葉孔雀薑，長出數片葉片後才開花，花朵從日落後綻放，隔日清晨凋謝。

也有部分種類在新葉尚未抽芽前，就在土表開出花朵，這類孔雀薑，花朵通常非常巨大，盛開的花朵像番紅花那般蓋滿地面，在歐美也被稱為「亞洲番紅花」。它們的花形像蘭花，也分為上午及夜晚不同時段開，兩者都有不錯的花香。它們一旦長出葉片後，很難讓人

優雅孔雀薑的選別種 *K. elegans* Shazam，生長勢強健，在熱帶國家多作為日陰環境的覆地植物。

葉片銀灰色的孔雀薑原種 *K. marginata*。

葉片巨大的某種孔雀薑 *K.* sp.，花期特別短，有時在上午十點便開始凋謝。

認出是孔雀薑，反倒像是美洲森林中的竹芋，葉片狹長聳立且布滿花斑。

此外，和孔雀薑極為近緣的黃金孔雀薑 *Cornukaempferia*，曾經是孔雀薑的一員，但因花朵構造有異，後來獨立為另一屬。部分種類中午時開，日落後凋謝，似乎剛好填補了晨開型及夜開型孔雀薑的空檔時段。

關於第一種黃金孔雀薑的發現，有一段曲折的故事。十幾年前，澳洲的某個園子自泰國進口了一些孔雀薑的根莖，其中混了一種葉色華麗、開黃色花的不知名薑科植物，之後在澳洲被組織培養，並流傳到世界各地，因為實在太特殊了，被命名為叢林黃金 Jungle Gold。這種植物起初被當作孔雀

優雅孔雀薑*K. elegans*，是葉片花紋變化極大的原種，有許多美麗的選別個體已成為園藝栽培種，如果不開花，很多人會誤以為它們是美麗孔雀薑的園藝種。

葉片緊貼地面，葉面多半抹著一層紅色的原種*K. sp.*。

四色菊孔雀薑 *K. sisaketensis* 為新命名的原種，葉片厚實且有長毛，以產地泰柬邊境的四色菊府為學名。

夜開型的孔雀薑*K. grandifolia.*，多半在深夜開花，清涼的香氣和巴西產的夜花仙人掌 *Discocactus* 屬極為近似。

薑販售，後來許多學者從花形認定它是一種凹唇薑，甚至有人指稱它來自婆羅洲的密林。後來歐美的植物學者請教泰國的薑科植物權威，並經過許多努力，在泰國北部與寮國交界山區找到原生種，還陸續發表其他類似的原生種，確定這是未曾發表過的新屬。

當時找到的原生種，雖然有類似叢林黃金的花朵，葉片的花紋卻無法和已被園藝繁殖的叢林黃金相提並論。由於泰國北方許多森林已

被砍伐，因此很多人臆測，叢林黃金的產地早已變成今日的玉米田。又經過數年的努力，泰國研究薑科植物的學者們終於解開迷團：叢林

黃金的故居在泰北一座寺廟的山後森林，由於有寺廟庇護，無須擔憂森林會被砍伐。專家估計，或許還會有更多種類被發現。

美麗孔雀薑*K. pulchra*，是花市最常見的原種，許多葉色美麗的個體被選為園藝植物栽培，算是多數人心中根深柢固的孔雀薑形象。

產於泰國湄公河沿岸的孔雀薑原種*K. larsenii*，花朵近似美麗孔雀薑，但葉片狹長挺立，圖為紅色葉脈的個體。

產於湄公河沿岸的某種孔雀薑*K. sp.*，葉片巨大且有銀色的葉脈花紋。

產於泰國中部石灰岩的某種孔雀薑K. sp.，原生地可能早已毀於水泥開採，巨大的花朵可以開放至下午。

可算是目前被選別的優雅孔雀薑K. elegans個體中最出色的一種，花朵巨大，葉色華麗異常。

即使是同一種孔雀薑，也會因地域的差異而導致花形與花色的若干差異，圖中是先開花後長葉的孔雀薑原種 K. rotunda。

來自寮國的某種小型孔雀薑，葉片單枚且平貼於地表，葉小型，表面光滑布滿西瓜皮般的銀紋，是很特殊的種類。

某種夜花型的孔雀薑，雨季開始後，先開花後長葉。於太陽下山時開放，花瓣接近花蕊部分有像是菫菜的紫色斑點，香氣不是很濃，花期結束後開始抽出漆黑色的葉片。

黃金孔雀薑
Cornukaempferiea

C. aurantiflora

C. larsenii的原生地

C. larsenii

船苞薑
Scaphochlamys

　　船苞薑是個小屬，分布的區域侷限於馬來半島、蘇門答臘及婆羅洲等印尼諸島，生長在空氣濕度很高，四周有大樹遮蔽的弱光環境。這屬的花朵構造相當奇特，有個可以讓授粉蜂類降落的延伸花瓣，乍看讓人無法辨識到底是蘭科植物或薑科植物。不少種類的葉片相當特殊，具有觀賞價值。

　　栽培船苞薑時要注意的是，它需要比孔雀薑少一點的日照，但更高的空氣濕度，沒有休眠期，因此，冬季氣溫變

來自馬來半島森林的某種船苞薑S. sp.，葉片的花紋相當獨特，宛如美洲的竹芋。

來自婆羅洲沙勞越與印尼邊界之石灰岩森林的網紋船苞薑S. reticosa，葉片表面像是網紋狀立體的格子，相當特殊，適合栽植在高濕度的玻璃花房。

也是來自婆羅洲馬印交界森林的某種船苞薑S. sp.，生長在泥質的森林底層，葉面是絨質，中肋有道白紋，相當美麗。

開花中的船苞薑原種 S. biloba，這是最常被園藝栽培的船苞薑。攝於與泰國交界的馬來西亞吉蘭丹州北部的森林底層。

低時，建議養在室內的玻璃花房。有鑑於船苞薑在野外多是長在坡地或石壁上落葉及腐植質堆積之處，栽培時需要注意介質的疏水性及透氣。

大苞薑
Caulokaempferia

　　大苞薑也是個小屬，主要分布在喜馬拉雅山南部、緬甸、中國南部高原、寮國和泰國北部少數山區。這屬成員大

產於婆羅洲沙勞越西部的船苞薑原種S. argentea，葉片是特殊的銀灰色，在陰暗的森林底層顯得格外搶眼。

白花大苞薑*C. alba*，生長在開放空間的高山砂岩上，需要充足的光照，也因此可以忍受比較劇烈的溫溼度變化。若事先不知道它是薑科植物，巨大的花朵很容易被誤認為是蘭科植物。

典型黃花系統之大苞薑原生環境多是垂直的石壁裂縫中。

某種黃花大苞薑*C. sp.*，花朵比白花大苞薑要小得多。

多有纖細的莖葉，以及大得不成比例的花朵，初次見到它的人多半不相信它是薑科植物，會以為是百合或蘭花的一種。

大苞薑依生長型態可分為兩類，一類長在陽光普照的山頂，有直挺的莖幹，巨大的花朵呈亮麗的白或粉紅；另一類長在山崖邊滴水的岩壁，植株多半自岩壁垂下、開花。花朵和嬌小的身形相比算是很大

黃花系統之大苞薑 C. bracteata，產於泰寮國境上的森林中，花朵呈現米老鼠般的可愛造型。

粉紫大苞薑 C. violacea的花朵和白花大苞薑近似，但花瓣質地較薄，在強風吹襲後，多半破爛不堪。

的，大多屬於黃色系。在野外，大苞薑多半以群落型態出現，花期一到，就以龐大的陣勢出現，看似完美的園藝植物出現在荒野，讓人驚艷。開花的方式和蝴蝶薑相似，主要在傍晚或夜間開放，如果沒遇到大雨或強光曝曬，花朵一般可維持兩天。在野外，受限於短暫的雨季，一年多半只開一次花；但人為環境下，如果拉長供水時間及提供足夠的營養，植株可以和小型鬱金一樣，再自基部抽出新芽，並於冬季休眠前再度開花。花後結果，果莢成熟後，會像鳳仙花般將種子彈射出去，落在母株附近越冬，直到翌年雨季來臨時萌芽。

小型的黃花種喜歡和海棠生長環境近似的潮濕環境，因此，選擇玻璃花房較合適；至於大花系統，原生種長在森林界線以上、開闊的潮濕草地或砂岩環境，栽植時應選擇通風處，例如有半日照的陽台等環境，栽培方式類似鬱金。由於來自熱帶季風林山區的高地，冬季大多降到5度以下，算是亞熱帶的植物，在熱帶不易存活。

布比薑
Burbidgea

布比薑是產於婆羅洲的特有屬，野外並不常見，大多著生在原始林的大樹上，終年生長，沒有休眠期，栽培時需要明亮、但陽光不致直射過久過量的環境。

這屬雖然成員不多，但是因為植株低矮且花色多呈豔麗的橘黃色，加上有些種類的葉片表面具有波浪般的突起，已成歐美很受歡迎的室內窗邊植物。

由於是薑科中少數著生在樹上的種類，因此

布比薑在婆羅洲原生地著生於樹上，當地多是濕氣重、樹幹裹滿了苔蘚的雨林。

布比薑原種 *B. schizocheila*，是最常被歐美國家園藝栽培的原種，葉片寬且葉面多凹凸不平，是很美麗的開花盆栽。

布比薑原種 *B. nitida*，也是較常被園藝栽培的種類，但是比 *B. schizocheila*少見，葉片較窄。

栽培時不需添加任何土壤，可使用樹皮、蛇木屑、蘭石等材料。如果環境容易乾燥，可以在表面覆蓋一層水苔保溼。

月桃
Alpinia

月桃是許多人很熟悉的鄉野植物，也是東南亞森林中常見的薑科植物，這屬因為植株高大，除了具紅色苞片的

紅花月桃*Alpinia purpurata*因為觀賞期長，經過人為選別後，有少數園藝種，其他原生種的花色大多是白色系，但除了斑葉種外，較少利用於園藝景觀。

月桃的植株多半很高，除了紅花月桃有矮性種外，不適合種在狹小的院子或盆栽，雖

某種具有白色苞片的月桃原種*A.* sp.

野地裡的月桃原種 *A. blepharocalyx*

粉紅色園藝選別種的紅花月
桃 A. purpurata

傳統泰式民居旁綻放的紅花月桃 A. purpurata，原產於印尼諸
島，現今廣泛栽植於全球熱帶區域。

月桃 A. formosana的斑葉園藝
種，葉片上布滿白色線條的
葉脈。

然好種，但需要比較強
的日照及水分。紅花月
桃的抽花率很高且花
期久，若栽種為綠籬，
居家所需的切花應當
足夠。月桃終年生長，
沒有休眠性，需全年供
水，少有全株落葉的情
形。

南薑 A. galanga是東南亞料理中最常用的香料植物之一。

火炬薑

Etlingera

火炬薑是高大的植物，植株多半比月桃高，可達6公尺以上，分布在婆羅洲一些被燒伐墾植過的二次林環境。森林未再度長出前，有時火炬薑會大面積地泛生，形成火炬薑森林，裡面很難見到陽光，也容易迷路，由於地表遍布火炬薑的根莖，一旦出現火炬薑森林，二次林便難以復生。

一般最常見的火炬薑 *E. elatior*，出現在東南亞鄉間住家的屋後，不但

火炬薑 *E. elatior*，由於在東南亞文化圈是重要的食材，在幾個世紀前的幾個南洋強國傳播下，目前已難以考據原生地，也是這屬中在世界上栽培最廣的種類。

火炬薑原種 *E. venusta*，是較新被介紹於園藝栽植的種類，產於泰馬交界的森林中，花萼的顏色對比相當特別。

火炬薑原種 *E. brevilabrum*，葉片之華麗，是其他火炬薑望塵莫及的，葉片上的斑點與色調會隨產區而有差異，是非常不易移植的種類。

可以抵擋午後的陽光，花朵還能作為料理的調味香料，是具有多功能的植物，因此在東南亞各國廣泛栽植後，已經不知原產地是哪兒了。其他的原生種因為不具有利用價值，至今多數仍限於少數區域。

雖然火炬薑給人的驚艷印象是，高聳的花梗上綻放大型花朵，其實除了極少數種類具有長花梗外，大部分種類

花朵開放於地面的火炬薑原種 *E. littoralis*，鮮豔的花色搭配很容易吸引登山客穿越森林時的目光，不知情的人猜不出這美麗的地面小花竟是身旁的巨大植物綻放的。

也是花開在地表的火炬薑原種 *E. punicea*，花鮮紅色，可以讓授粉的吸蜜鳥在昏暗的森林中也看得清楚。

火炬薑原種 *E. fulgens* 的花萼，色彩相當暗紅，萼片像鬱金香般往上合攏，也是常被園藝栽培的種類。

火炬薑原種 *E. maingayi*，是這屬中除了 *E. elatior* 外，花梗相當高的一種，豔麗的顏色在陰暗的森林中顯得很搶眼。

草果屬原種 *Amomum kepulaga* 的花朵，像是白色小蝴蝶一般，一朵朵獨自開在陰暗的森林地表。

都直接開花在地表上。這類花朵在赤道雨林中極容易見到，初次見到時，很多人不會想到它就是一般常見的火炬薑。火炬薑主要利用在森林地表活動的鳥類授粉，之後在地下結果，果實成熟後成為山豬最佳的食物。山豬吃了火炬薑果實後，將種子排遺於他處，火炬薑便可

草果屬的原種 *Amomum uliginosum* 在開花時和許多地表開花的火炬薑類似，多將花序伸到地表，每次開數朵，花色的搭配很有趣。

以藉此擴散族群。

由於火炬薑非常巨大，喜歡半日照，因此，只適合種植在有足夠空間的院子，如果種在盆子裡，植株會顯得毫無元氣。栽植於院子時須注意，颱風季節要固定好枝條，或在颱風來臨前修剪。由於來自赤道雨林，火炬薑需終年高濕度，台灣南部冬天缺水的環境下，需要增加灌水，以維持植株的正常生長。

步行穿過赤道雨林時，除了沿途可以發現貼在林床地表的火炬薑花外，還可看得到其他薑科植物，例如草果屬 *Amomum*。它們也開花在地表，但尚未被引進家庭園藝的領域。

舞薑
Globba

在龐大的薑科中，舞薑因為花形特殊，特別搶眼。舞薑分布的區域很廣，印度、中南半島、馬來半島及印尼諸島嶼皆可發現，多來自低山地帶，自然環境可分為熱帶季風林及赤道雨林兩種。已發現的種類，大多數來自冬季會休眠的熱帶季風氣候，但蘇門答臘及婆羅洲等赤道雨林有越來越多的原生種被陸續發表，多是不休眠的種類。

目前園藝上最被廣為栽培的，是從溫蒂舞薑 *G. winitii* 中選別出來的眾多栽培系統。會選擇其為園藝種，除了因為它擁有巨大苞片外，溫蒂舞薑對環境變化的忍受度很高，非常容易栽培。

絕大多數的舞薑不像其他薑科植物葉片有蠟質，它們的葉片都很薄，成長期需要恆定且

產於婆羅洲的舞薑原種 *G. atrosanguinea*，多生長在森林底層的林床上，蠟質的紅色苞片，配上黃色的花，非常搶眼。

溫蒂舞薑*G. winitii*是最常被園藝栽植的舞薑，有許多被選別的不同色系的個體。

很高的空氣濕度。即使來自具乾濕季變化的熱帶季風林，舞薑還是喜歡森林中接近溪谷或有短暫日照的土坡。由於沒有很發達的地下莖及儲水球，多半長在附有苔蘚的石頭或土坡上，這和根莖型或球莖型的秋海棠極為類似。在原生地的雨季，它們毫無顧慮地生長，雨季結束濕度下降，已積存了足夠的養分，進入休眠，

然而，一旦移到人為環境，空氣濕度不穩定，忽乾忽濕，容易發育不良。

來自赤道雨林的種類，需要終年維持高濕度。來自和鬱金屬相近的熱帶季風林的林緣環

境，則可接受較大的氣候環境變異，它的根和鬱金一樣，長在深厚的介質中，一旦空氣濕度不足，可以往土壤深層吸水。溫蒂舞薑除了可以輕易栽植於容器外，憑藉著強大的適應力，

產於泰國東北部的舞薑原種*G. globulifera*，花色和溫蒂舞薑一樣多變，也是相當容易栽植的種類，對於環境溼度的變化有一定的忍受力。

產於泰國北部接近寮國森林中的某種舞薑，花朵苞片皆為白色，也是需要比較高的空氣濕度。

產於泰國中部的黃花舞薑*G. schomburgkii*，這是除了溫蒂舞薑之外另一種最廣為栽植的種類，雖然開黃色花的舞薑種類很多，但似乎沒像它開得這樣熱鬧的，加上容易栽培，非常受歡迎。

也可作為林蔭下的植被點綴。至於需要高濕度管理的舞薑，如果在陽台培植，須明亮不直曬，最好選擇避風處，以維持周遭恆定的溼度。由於多數種類比較高，不適合放入玻璃花房保濕，和其他喜歡高濕度的雨林植物在陽台一起培植最為恰當且易於管理。這類舞薑喜歡較淺較寬的盆子，介質疏水性要好。來自熱帶季風林的休眠性種類，落葉後要減少澆水。

產於泰緬邊境森林中的舞薑原種*G. substrigosa*，葉片斑點相當奇特，極具園藝價值，但需要高恆定的空氣濕度。

產於泰緬交界的馬來半島北端之雨林中的
舞薑原種*G. pendula*，絨質的葉片上有兩道銀
斑，有些園藝選拔個體的顏色對比更強烈，
此原種也需要高空氣濕度。

產於馬來半島北部的某種小型舞薑，葉片
接近黑色，中肋也具有銀脈，植株低矮，
適合高濕度的玻璃花房。

產於泰國北部的舞薑原種*G.
nuda*，植株完全像雜草，其
特色是沒有一般舞薑常有的
顯目苞片，細長光滑的花梗
上開著大型花朵，宛如蝴蝶
飛舞在草堆上隨風展翅。

產於泰國與馬來西亞交界森林中的舞薑原種*G. leucantha*，花
呈紫色，在舞薑屬中是很少有的色系。

閉鞘薑

Costus

只要看過閉鞘薑，多數人會對它特殊的螺旋狀排列葉片印象深刻。閉鞘薑科之下還分4屬，多數成員屬於閉鞘薑屬，其他幾屬成員較少。

閉鞘薑科主要分布在熱帶美洲，非洲及亞洲較少見。它們繁殖力強，外觀有點像竹子，直立的莖搭配螺旋環繞的葉片，一節節地長上去，當莖往上伸展時，下部葉片的莖節會長出水平的側枝，每一段延伸的側枝基部都有根點，只要被撞斷了莖節，或是被強風給吹落，掉落的部分就可長成獨立的植株，因此閉鞘薑算是很容易歸化的植物。一般而言，比較低矮的種類，競生力會比高大的種類低一些。

在原生地，閉鞘薑多長在林緣或草原，只有極少數種類長在密林中，因此，家中培育時，需日照充足，每天最少必須直接日曬一至二小時，日照不足會呈現明

非常適宜日陰環境的閉鞘薑 *C. malortieanus*，植株低矮，雖然花朵不是很美，但毛茸茸的綠葉頗具觀賞性。

有別於植株高大的閉鞘薑原種 *C. comosus* var. *bakeri*，其基本種 *C. omosus* 的植株低矮且葉片比較大，適宜盆栽且喜歡比較日陰的環境，也是強建易植的種類。

閉鞘薑的原種 *C. comosus* var. *bakeri*，是一種生命力旺盛的種類，花序相當壯觀，色彩也很豔麗，適合用於造園或有院子的家居花園栽植。

東南亞產的閉鞘薑原種，過去的書籍稱作 *C. speciosus*，近年來已經納至另一屬，稱為 *Cheilocostus lacerus*，花朵巨大，單朵花的壽命卻很短。

閉鞘薑的近緣屬 *Monocostus uniflorus*，此屬只有一種，植株低矮但花卻不小，極適合盆栽或空間小的陽台，需要足夠的光線才易開花。

植株中等高度的閉鞘薑 *C. woodsonii*，適宜日光充足的花園栽植，或有足夠日照的陽台，以大花盆栽種，簡單易植，幾乎整年開花。

閉鞘薑原種*C. cuspidatus*，花朵多是特殊的橘色，雖然這原種的耐寒性很好，但對於台灣平地的夏季高溫卻有適應不良的傾向。

顯的徒長，接著生長勢會衰弱。

　　閉鞘薑不僅繁殖力強，適應環境的能力也很強，如果降雨均衡，可以終年生長。但在熱帶季風氣候帶，冬季缺水的環境下，莖葉會脫

某種閉鞘薑的原種*C. sp.*，其螺旋環繞的紅色莖以及排列其上的葉片，宛如螺旋梯子。

斑葉品系的閉鞘薑，即使沒有開花，賞葉也很美。

網紋閉鞘薑*Costus mosaicus*，是少數葉片有花紋，花葉俱美的種類，此原種喜歡高空氣濕度且稍微遮陰的環境。

蠟薑*Tapeinochilos* X Densum 植株像竹子一般高大，開花後多半在花序下方直接抽出許多分枝，這些分枝若被吹斷，一旦掉落地面皆可成為另一株植株。

離根系，靠地下的根莖休眠越冬。脫離植株的莖部，如果沒有乾死，在下個雨季會自宛如竹結或甘蔗莖的段落抽新芽。因此，在熱帶地區，閉鞘薑也是一種需要人為控制，避免溢生的植物。

　閉鞘薑觀賞的部分主要是苞片，少數種類則是觀賞巨大的花朵，因此許多種類被栽植於熱帶地區的花壇，少數種類供作切花或切枝使用。栽培一株，便可源源不絕的有鮮花供

澳洲北部的蠟薑*Tapeinochilos pubescens*，花序造型相當特殊。

剪取。少數低矮的種類也非常適合盆栽，幾乎只要澆水，不太需要打理。對於忙碌或不想花

蠟薑*Tapeinochilos ananassae*，這是最常栽培的蠟薑原種，多數用於造園景觀，偶爾可見於切花。

太多時間管理花園的人來說，閉鞘薑是最容易打理的熱帶植物。

其他薑屬植物

距藥薑*Cautleya* sp.，來自喜馬拉雅山區的高海拔潮濕地，習性和來自相近區域的蝴蝶薑相似，多半無法度過台灣的夏季高溫。

產於婆羅洲的某種大荳蔻*Hornstedtia* sp.，這類植物生長習性相當獨特，走莖多是被粗壯的根頂立於地表上，像是船撐篙在地面般，與一般薑科植物走莖埋在地表之下截然不同。

土田七*Stahlianthus involucratus*，葉片相當華麗，花期多半在抽新葉之前，適合日陰環境的配色栽植。

非洲草原薑*Siphonochilus kirkii*
產於東非的草原地帶，花朵
有香味花色豔麗，整株植物
給人近似亞洲的大苞薑一
般，有蘭科植物的感覺。

土田七*Stahlianthus
involucratus*，葉片相當華麗，
花期多半在抽新葉之前，適
合日陰環境的配色栽植。

Plagiostachys sp.的植株相當高
大，花穗也可以長到一人
高，較少利用做園藝栽培。

H. pauciflorum var. *bullatum*的葉片正如亞種名稱，葉片上有氣
泡狀的凹凸起伏。

攝於婆羅洲印馬國界森林中的*Haplochorema pauciflorum* var.
bullatum，花朵和中南半島的孔雀薑極為相似。

第三章
蕨類植物

鐵線蕨與鳳尾蕨、鹿角蕨、水龍骨科、山蘇花及鐵角蕨屬、腎蕨及骨碎補、石松及其他懸垂狀蕨類、樹蕨及觀音座蓮、其他地生蕨類。

第三章 蕨類植物

鐵線蕨與鳳尾蕨、鹿角蕨、水龍骨科、山蘇花及鐵角蕨屬、腎蕨及骨碎補、石松及其他懸垂狀蕨類、樹蕨及觀音座蓮、其他地生蕨類。

台灣因地理上的優良位置、特殊環境，及潮濕的氣候條件，本身就是一座蕨類分布極為密集的島嶼。但或許台灣人對國外的園藝現況並不了解，對園藝上栽培的蕨類所知不多，知道的大概就是已大量市場化的少數幾種。多數人對這類會從牆角邊自然冒出，或在山野路邊長一堆的植物，抱著理所當然的態度。但溫寒

帶國家對蕨類的態度就大不相同，那裡可沒有台灣這般多樣化的蕨類植物，除非自家有特殊設置的溫室，否則就必須選擇耐寒的種類，或是挑出家中最潮濕的環境來悉心培育，所以他們那種對蕨類栽培的熱中，恐怕不是多數台灣人可以理解的。

以英國為例，自維多利亞時代起，便有許多人沉迷於蕨類的世界。

蕨類的愛好者多半也對一般人習以為常的綠色植物，有著敏銳的觀察力，可以察覺出葉片造型的差異，鑑賞不同濃淡的綠色美感。到這些蕨類愛好者的蕨園欣賞，不要期待看見茂密的各色花朵，因為只會看見一片綠。但是如果花點心思觀察，會發現這些綠色居然形成種類繁多的植物世界。多年來，蕨類植物經過愛好者的挑選與繁殖，已經出現許多外觀變異、可供園藝觀賞的種類，他們甚至還利用孢子混合的方式，探討發生雜交的機率。

蕨類植物的種類及性質差異相當大，並非只是一般人認知的「都喜歡陰暗及潮濕的環境」。蕨類基本上算是比較原始的植物，無法

泰國的蕨類愛好者眾多，一年中有數次蕨類展，展覽內容依蕨類科屬擺設，分類之細，是台灣的園藝愛好者無法想像的。

熱帶國家的蕨類園,按蕨類生長習性擺設,展現出迷人的風情,即使是不適合多數開花植物的日陰環境,變化多端的蕨類葉片與葉色也讓人流連忘返。

歐美國家對蕨類的蒐集也很瘋狂，但受限於氣候條件，一些大型蕨類要在植物園專屬的蕨室才見得到。

像其他進化的植物可以將肥份儲藏在地下莖，因此應當選在生長期施肥，頻繁地淡薄噴灑，或是施用長效型肥料，一旦肥份不足，成長便明顯受阻。除了少數耐旱且葉面表層堅硬的著生蕨類外，多數種類對含重金屬或某些化學成分的農藥敏感，如果是第一次使用陌生的農藥，最好採小面積試用，且一定要先研究所噴灑的農藥的成分。目前常見於園藝栽培的蕨類植物，大致可分為以下的族群及組別。

鐵線蕨與鳳尾蕨

Adiantum & Pteris

很多人想在家中栽培幾株美麗的蕨類植物，但又沒有十足的把握，只好一直抱著猶豫觀望的態度。要栽培鐵線蕨、鳳尾蕨這類對環境變化敏感的植物，不妨自小株開始，這會比直接自園藝店買大株要容易些，且有成就感。長期栽培這類蕨類，你會發現從外頭搬回家的植物總是無法快樂地生長，反而是無意間在別盆植物介質上由孢子冒出的小苗，很能適應家中的環境。

荷葉鐵線蕨 *A. reniforme* 的葉柄上只有一枚葉片，和多數羽狀複葉的種類有很大的差異，在夏季高溫比較嬌弱，需要費心栽植。

A. raddianum的斑葉園藝種，葉片的白色斑紋猶如渲染一般。

A. erylliae來自熱帶季風氣候區，葉片像蝴蝶結般可愛，在夏季降雨期快速成長，於冬季低溫期近乎停止生長。

大葉鐵線蕨 A. macrophyllum，原生於南美的雨林中，多生長在土坡、有水潺潺流下的潮濕環境，不同於一般亞洲常見的鐵線蕨多長在石灰岩壁。

A. raddianum的園藝種，小葉上有許多缺刻，給人滿天星般細碎的感覺，澆水時要避免淋到葉子，以免葉柄斷裂，或葉面被水珠包裹不易乾而導致腐爛。

　　這類植物大多長在終年潮濕但不會積水的土坡或石壁上，根部依附在土坡或石壁的表層，由於根部需要透氣，因此在調配介質時，要盡可能挑選顆粒大且通氣好的，再混入部分可以保持溼度的介質。如果用透氣不良且黏性重的介質栽培，它們的根會長在盆緣或土表，只有採用透氣的介質才能讓根深入盆中。有些人因為擔心自己不常在家，而在盆底墊水盤，維持積水，如果非這樣做不可，那麼盆底最好先放入大顆木炭或蘭石等材料，以毛細作用引導水分上升，再用小粒的蘭

*A. raddianum*的園藝種，葉片先端有特別的缺刻。

許多園藝種皆源自於*A. raddianum*，圖為典型的原生種在馬來半島石灰岩山區的生長狀態，葉片簡單，不像園藝種那般華麗複雜。

分布於婆羅洲石灰岩區的原種，新葉紅色。

產在泰國北部石灰岩區的一回羽狀複葉原種，葉片非常巨大，幾乎和南美的*A. tenerum*葉片差不多。這類原種多半在夏季旺盛生長，在冬季進入生長停滯期。

*A. raddianum*的斑葉種，本系統是小葉型，斑紋像是斑駁的白色線條布滿葉片。

石等將空隙填滿，才放入栽培用的介質。不要讓介質直接浸泡在盆底的水中。當然盡可能不要墊水盤，從盆子表面

澆水的方式較好。

　雖然這些蕨類在原生地是長在陰濕的角落，但一天中的某個時段還是會有柔和的陽光照射在葉片上，因此植株若長時間放在日陰處，葉柄雖然會長，但無法展現優雅的姿態。此外，空氣濕度也是得注意的環境因子，要選擇風不會直吹、陽光不會直曬，有一些遮蔽之處，而且植物數量要適當，這樣才可保有適當的空氣濕度。有些人只要閒著，便拿起噴霧器往蕨類的葉子噴水，甚至裝設定時噴霧系統，讓葉子老是處在溼漉漉的狀態，其實這些蕨類並非喜愛這樣的環境。

　鐵線蕨有許多原生種來自於石灰岩的環境，多數長在石灰岩裂縫的有機質中，因此在調整介質時要避免它的酸性太高。一旦盆栽種植過久，介質偏酸性，植株會逐漸弱化，這時就要更換新的介質。鳳尾蕨及鐵線蕨適合移植的時

*A. tenerum*是比較大型的原種，新葉呈紅色，很多具有紅色新葉的園藝種源自於此原種。在南美洲多生長在森林中可以接受短暫日照的林緣土坡上。（攝於印加古道森林邊）

鳳尾蕨原種*Pteris argyrea*，植株比較大，銀斑對比強烈，是常被栽植為園藝植物的種類。

葉片先端綴化分裂的園藝種，造型和一般原種差異很大。

來自泰國南部的鳳尾蕨原生種，葉緣具有銀色的鑲邊，宛如園藝種般華麗。

產於非洲大陸的P. alcicorne，葉背為綠色。

間，主要在春季植株正要抽新芽的時候；部分怕熱的鐵線蕨在秋季天氣變涼時開始生長，因此最好在秋季移植。

鹿角蕨

Platycerium

產於馬達加斯加島的P. alcicorne，葉背為銀色，和葉片先端的褐色孢子囊形成強烈對比。

著生在樹上的鹿角蕨，堪稱已進化到蕨類植物的生理極限，許多蕨類無法克服的環境都讓鹿角蕨給一一克服了，例如適應樹上的水分及陽光的變化。鹿角蕨成為樹冠層惡劣環境下的先驅植物，不少植物跟隨著它一同成長。由於鹿角蕨分布於赤道雨林及熱帶季風林的樹木上，在人工培育時一定要先弄清楚它所需要的生長條件。依照鹿角蕨對環境的適應力，可分為以下三大類：

1. 最容易管理的種類：只要栽植在一般的居家環境，將附生在蛇木板的鹿角蕨掛在有數小時日照的地方即可。在生長期一週澆水2～3次，就能長得不錯。這一大類特別適合沒有經驗或不想花太多精神照顧植物的忙碌人。

象耳鹿角 *P. elephantotis* 的孢子葉是特別的圓形，看來就像大象的耳朵，在這屬多為分裂狀鹿角般的外型中獨樹一格，是蒐集名錄中不可遺漏的一種。

象耳鹿角的園藝系統中，葉面布滿細毛的銀葉種。

以下所列的容易栽植種類中，除了印度鹿角蕨 *P. wallichii* 一年只在初夏雨季時長出一對營養葉及孢子葉，其餘時間停止生長外，其他種類只要環境適宜，整年都在生長。這些容易栽培

的種類包括 *P. alcicorne*、*P. bifurcatum*、*P. ellisii*、*P. hillii*、*P. stemaria*、*P. veitchii*、*P. wallichii*、*P. willinckii* 等等。

2. 不太困難但需要稍微注意的種類：栽培上不是太困難，但和其他容易管理的鹿角蕨相比，是有一些怪癖，不過只要管理時多加注意，花點心思，是可以成功栽培在家中的，適合曾經有上述簡單種類栽培經驗的人。

P. coronarium：皇冠鹿角，有最長的孢子葉，因此栽培環境要有一定的挑高，冬季避免過冷的環境。

P. elephantotis：象耳鹿角，這種外觀特異的原生種需要充足的日照，否則植株會逐漸衰弱。

P. grande：此種不難栽培，但需給予寬廣的空間，否則容納不下它巨大的身軀。

P. holttumii：也是非常大型的種類，不喜歡太潮濕的環境，雨季時要注意避雨問題，平時澆

最常見的鹿角蕨 *P. bifurcatum*，在其原生地澳洲北部約克半島森林中，附生於樹幹的景象。

女王鹿角 *P. wandae* 生長在新幾內亞北部的雨林樹幹上。

到避雨的環境，不要讓介質一直處在潮濕的狀態，冬季也要嚴防低溫。

P. superbum：此大型原生種面對夏季高溫，會有成長停頓的情形。多數在冬季低溫期生長，比較適合在台灣北部栽培，要提供植株寬敞的生長空間。

P. wandae：女王鹿角，是最大型的鹿角蕨，除了注意空間問題外，也要注意冬季的低溫問題。

3. 需要小心翼翼管理的種類：即使可以成功培養以上15種蕨類，對下面這幾種還是要小心伺候：

P. andinum：美洲鹿角，原生種需要明亮且通風的環境，夏季的高夜溫會讓植株衰弱。澆水時，一次澆透，等植株完全乾燥後再澆下一次，若是常澆水或通風不良，水無法乾掉，植株容易衰弱。

P. madagascariense：非洲猴腦，這是對環境變

水應等植株乾一點再澆，植株如果一直處在潮濕狀態，營養葉容易產生黑斑。

P. ridleyi：亞洲猴腦，偏好排水良好的介質，以及通風與日照良好的環境，雨季時最好移

亞洲猴腦*P. ridleyi*，在婆羅洲密林中的高樹上，多半採取跨騎的方式環抱水平延伸的枝條，因此人為栽植時，要盡量避免以垂直方式綁附於板子上。

利用加熱後形狀改變的水管來栽植亞洲猴腦，可以彌補本種不適於直接附生垂直板面的遺憾。

化適應較差的原生種，喜歡空氣濕度高但介質不會太潮濕的環境，可以用蛇木板掛在水牆溫室中，居家環境溼度變化過大和夏季的高溫，都會讓植株逐漸死去。

P. quadridichotomum：這種鹿角蕨不宜和一般蕨類栽培在一起。栽培一般蕨類的人很容易養死這種原生種，因為它喜愛的環境和一般人認知

皇冠鹿角*P. coronarium*在自然環境下多生長在高樹上，可以獲得充足的日照，而上方的枝枒能遮蔽中午強烈的光線。

的蕨類環境差異很大，建議和仙人掌或多肉植物養在一起，它們都需要明亮的日照及通風的環境，濕度不宜太高。等植物基部變乾後再澆水，冬季可讓植株徹底乾燥，至來年春季再澆水。原生種在原產地的乾燥期會休眠6個月。

P. wallichii長於泰國北部雨季的森林中，利用短暫的降雨快速成長。

雪梨植物園中的P. veitchii，營養葉纖細的分裂狀態可看出和一般市面上相同名稱的物種有很大差異。

和多數的大型鹿角蕨一樣，P. grande 在菲律賓也多長在高樹上。

P. superbum生長於澳洲東南部的季風林中，讓不是熱帶雨林的乾樹林也有著熱帶的神祕感。

水龍骨科

Polypodiaceae

人們栽培的蕨類植物中，有很多屬於水龍骨科。這科除了前面提到的鹿角蕨外，還有不少成員具有外觀特殊的造型。除原生種外，有很多人為選別的園藝種，種類之多，難以計數。和鹿角蕨類似，這類植物大多著生於森林的樹幹上，多數生長在終年降雨的赤道雨林。部分

部分長葉石葦的園藝種*P. longifolia* cv. Crestata，葉尖的分裂形態宛如鹿角甚至像是羽毛，懸吊起來相當美麗。

生長於有乾濕季變化的熱帶季風林的種類，演化出厚葉片來儲存水分，或是在乾季讓葉片脫落，或是以捲曲葉片的方式休眠，來度過乾季。

石葦屬*Pyrrosia*：此屬

*P. longifolia*園藝種群繁多的長葉石葦多半以葉尖分裂的綴化型態居多，而此為非綴化之園藝種，葉片比原種更寬長，適合懸掛在天井等空間大的環境。

石葦的斑葉園藝種 *P. lingua* cv. Variegata，葉片上具有黃綠交錯的斑塊。

原產於蘇門答臘火山岩區的某種石葦，葉片呈星蕨屬中少見的圓形，葉背黃灰色。

有很多美麗的原生種，但自從長葉石葦*Pyrrosia longissimum*有綴化種的個體被發現以來，許多泰國的愛好家以孢子繁殖並加以選別，出現了數以萬計不同造型的石葦，初次見到這類石葦的人，很難將它和石葦原生種那簡單的葉形聯想在一起。

　　星蕨屬*Microsorum*：也是另一個成員變異多端的例子，單是星蕨*Microsorum punctatum*的變異就足以和山蘇花相媲美，若是不先告知，很難辨別它們的真實身分，有些綴化的種類還

泰國星蕨*M. thailandicum*，是近年來常見的園藝種星蕨，葉面有金屬光澤。喜歡通氣好的介質，也可以附生方式栽植。

*M. musifolium*是東南亞產的星蕨中極易被誤認為山蘇花的種類。葉片有明顯的網脈，產在菲律賓的個體葉片多半比較寬，比產在馬來半島的種類更具觀賞價值。

原產於蘇門答臘石灰岩地區的星蕨*M. whiteheadii*，葉片厚如皮革，在印尼多栽培為觀賞植物。

會讓人誤以為是某一種鹿角蕨呢！星蕨屬的中，還有很多原生種尚未經過園藝選別，卻已

無比華麗，例如呈現藍色金屬光澤的泰國星蕨或暹羅星蕨，以及常用作水草造景的鐵皇冠。

星蕨*M. puncatum* cv. Cristata 起源於菲律賓，葉片先端會無限分裂而下垂，是很美麗的吊盆植物。栽培時需要比較高的空氣濕度，並避免過強的風，以免傷害分裂生長的葉片。

斛蕨的綴化園藝種，孢子葉的葉尖呈分裂的特殊鋸齒形。

槲蕨屬*Drynaria*、崖薑蕨屬*Aglaomorpha*：也是近年來園藝造景上常見到的觀賞植物，這兩屬目前還是以原生種為主，除了少數小型種外，多數是大型種，如果家中空間有限，不宜栽培。

斑葉的斛蕨，收集葉及孢子葉皆有白綠交錯的斑塊。

產於馬來半島高山雲霧林的巨大崖薑蕨，葉片長度可超過3公尺。

萵苣蕨Phlebodium、擬水龍骨Goniophlebium：是成員比較少的小屬，具有美麗的懸垂葉片，如果有挑高的空間，將它們掛垂在牆壁上或種植於吊盆中，會是很美的視覺焦點。

水龍骨科的蕨類成員中，檞蕨、崖薑蕨、擬水龍骨等需要比較強的日照，大約和腎蕨及骨碎補相彷，每天要有短時間的日照。將石葦及星蕨等栽培在明亮

擬莢蕨 *Phymatosorus scolopendria*，生長勢強健，對於環境的溼度變化需求不高，容易栽植，但需要較強的日照。

*Crypsinopsis platyphyllus*生長於馬來半島高地的雲霧林，葉片為革質，葉面布滿白色星點，葉片老化後會逐漸轉為黑色，此時黑葉上的白點顯得格外搶眼。在台灣高溫的夏季會暫時停止生長。

擬莢蕨*Phymatosorus longissimus*的綴化種，葉片先端碎裂且下垂，植株大，是較新的觀賞蕨類，需要寬廣的栽培空間。

*Phymatopteris triloba*生長在馬來西亞高地森林中，葉片為革質，不難栽植。

生長在婆羅洲及新幾內亞森林中的水龍骨，葉片基部會搜集樹上掉下來的有機物以供作養分來源，需要透氣很好的介質。

萬苣蕨 P. aureum cv. Mandaianum 是容易栽培的吊盆蕨類，葉片分裂如皺葉萵苣。冬天要注意低溫。

藍色萬苣蕨是 P. aureum 的園藝種，葉片先端不像一般萬苣蕨那樣分裂，葉表具有白粉，在陽光下呈現灰藍色。

Photinopteris. speciosa 是印尼產的奇特著生性蕨類，葉片硬得像塑膠，孢子葉則另外生長懸掛在營養葉的先端。

日陰的環境，它們可以長得很好。這些著生性蕨類，栽培在台灣一般的家居環境都能適應良好，濕度也不需要過高，只有在冬季偶爾非常低溫（約7度以下）的寒流來襲期間，要將它們移到室內，以防凍傷。

蟻蕨 Lecanopteris：也是水龍骨科的蕨類植物，但由於生長習性特殊，移到「第十三章蟻植物」再討論。

山蘇花及鐵角蕨屬

Asplenium

山蘇花是鐵角蕨屬的一員，被選別出來的園藝種以台灣山蘇花 *A. nidus* 佔絕大多數。或許因為外觀特殊，很多人無法將它和鐵角蕨聯想在一起。目前在菲律賓已有很多外型變異極大的種類，被選別出來作為園藝蒐藏，不少品種超過常人可以想像。這類外型變異的種類採用孢子繁殖，雖然無法保留親本的外觀性狀，但是有機會在小苗中發

菲律賓挑選出來的綴化之山蘇花園藝種，自葉片基部開始分歧與碎裂。

小型的綴化山蘇花園藝種，葉片挺立且先端大量分裂重疊，宛如百褶裙般華麗。

大型的綴化山蘇花園藝種，葉緣宛如波浪，葉片細長且只在先端分裂，因此葉片多半下垂。

掘出其他特別變異的個體。若要大量繁殖相同外觀性狀的植株，還要採用組織培養的方式。

鐵角蕨和山蘇花的栽培方法類似，兩者都需要排水良好的介質，可以培植在終日都是日

印尼園藝展上的山蘇花園藝種，其外觀差異之大讓人難以想像系出同源。

來自日本的山蘇花斑葉種，葉片布滿了白色線條，植株像是個手繪藝術品。

陰的環境，即使沒有直射的日光，也能長得不錯。山蘇花很難無性繁殖，但鐵角蕨有部分原生種會在羽狀複葉上長出不定芽，待不定芽的小苗長到適當大小，再切下來另外培植。山蘇花的蓮座型外觀用於居家環境點綴時，可以參考觀賞鳳梨的方式，由於它的耐陰性好，一些觀賞鳳梨無法栽植的陰暗環境，可以山蘇花來替代。

腎蕨及骨碎補

Nephnolepis & Davallia

目前市面上已經可以看到各種腎蕨的園藝種，不像以前幾乎所有的園藝種多是美洲產波士頓腎蕨*Nephnolepis exaltata* 的挑選品系，現今很多園藝種選自完全不同的原生種，因此管理上也要依不同原生種而有所差別。不過，腎蕨大多喜歡明亮的環境，每天除了中午外，最好有少許時間可以照到直曬的陽光。

腎蕨雖然看起來生長勢強，但若移到陰暗的環境，沒多久便會發生葉片變黃凋落的情形。此外，腎蕨喜歡排水良好的環境，介質一旦完全乾燥，植株便開始凋萎，原本的母株會因此而死亡，必須要靠盆內走莖所長的小芽來延續生命，建議這時先修去母株已凋萎的葉片，讓盆緣的小株能獲得陽光而正常生長。

腎蕨很容易長成一大盆，若要分盆，建議以剪刀或刀子將原本的植株連著介質分割成若干份後，直接連根和舊介質一起種在新盆子裡。分株時若將舊介質清除，裝入新介質，會讓植株元氣大傷，甚至

腎蕨 *N. falcata* cv. Furcans 葉尖分裂綴化的園藝種，分裂的葉片導致重量增加，讓葉柄多半無法負荷而懸垂。

東南亞產的長葉型腎蕨栽植於吊籃並懸掛在高空的景象，景觀華麗讓人印象深刻。

波士頓腎蕨的裂葉園藝種，圖為裂葉系統中葉片黃化的園藝個體。

來自新幾內亞的小型骨碎補，適合生態缸或小吊盆栽植。

導致死亡。此外，腎蕨中有許多葉片宛如蕾絲的美麗園藝種，這類葉片纖細重疊在一起的種類，澆水時要避免自上方澆，否則容易讓葉片黏纏在一起，甚至因葉片乾得慢而造成腐爛。骨碎補和腎蕨一樣，也需要有較好的日照環境，不過骨碎補是完全著生的植物，澆水時應等介質變乾後再澆，常常潮濕的環境對它反而不好，尤其不要在盆底墊水盤，避免讓植株泡在水中。部分來自季風氣候環境的骨碎補在冬季會落葉，但落葉後偶爾還是要澆水，不要因此不管或以為它死了而

來自婆羅洲中部的小型骨碎補，需要比較強的光線與高空氣濕度，葉片分裂纖細，像蕾絲一般。

波士頓腎蕨栽植於天井中的華麗景象，這讓旅館看起來宛如植物園一般。

垂葉腎蕨生長於南美雨林中，多附生於樹幹上。

丟棄。移植骨碎補不用像移植腎蕨那樣戰戰兢兢，可以將有葉子且跑出盆緣的走莖直接剪下，種入別盆中，但是分盆還是選在春夏的生長期比較好。

石松及其他懸垂狀蕨類

近年來，許多熱帶國家因為旅遊業發達，喜歡在旅遊住宿區花園中的大樹上，吊掛各種懸垂的蕨類植物，以增加雨林的氣息。這股風潮到處氾濫，不少住在市區的人也跟著流行，因此栽培石松似乎成為一種園藝時尚。

石松科 *Lycopodiaceae* 的成員很多，懸垂生長的種類絕大多數來自雨林中濕度很高的環境，很多人並不清楚哪些種類能適應一般家居濕度多變的環境，因此，買了這些植物掛在家裡，只是在慢慢地等它死亡。它們的葉片都相當硬，即使基部已經腐爛，甚至脫離植株，仍可維持綠色的狀態達數個月，甚至將近一年，因此給人一種錯覺，誤以為這類植物很耐活。其實許多來自高海拔雲霧林的種類，遇到空氣濕度變化無常，沒多久即宣告死亡，只是外表沒有即刻顯現。

適合在家中栽培的石松包括垂枝石松、杉葉石松、覆葉石松，以及馬來西亞產的藍葉石松和扁葉石松等。其中最容易栽培、也是最適合新手種植的是杉葉石松，因為它對濕度變化的忍受度很高，也不很

產於婆羅洲的藍石松
Lycopodium sp.，與較易見
到的馬來半島藍石松 *L.
dalhousianum* 之孢子葉有很大
的差異。

產於新幾內亞南部的石松，
葉片很長，如松鼠尾巴般蓬
鬆。

杉葉石松 *L. squarrosum* 在原生
地生長於石壁上的樣子。

產於墨西哥南部的石松，外
觀和亞洲的石松差異很大。

覆葉石松 *L. carinatum* 在陰濕的森林中多半附生在樹幹上。

需要特別花心思照顧。
很多人都用水苔來栽培
石松，一開始植株長得
不錯，但時間一久，水
苔酸化後，植株基部會
腐爛，因此建議介質採
用其他排水良好且能長

除了杉葉石松外，扁葉石松 *L. nummularifolium*（圖右）也很容易栽植，在東南亞地區的園藝展常可見到人為栽植的巨大個體，圖中為馬來半島藍石松 *L. dalhousianum*。

常見到的松葉蕨*Psilotum nudum*多半只是長了幾根枝條的小植株，如果小心移植並給予良好的環境，也可以長成一叢美麗的植物。

期維持的材料，例如碎樹皮、珍珠石、調整過的中性粗質泥炭土，以及人纖棉球等的混合介質。採用吊盆栽培時，很容易因為植株越來越長，植株重量持續增加，而導致下垂的枝條與盆緣摩擦而斷裂。如果自盆底由下往上種，或採用吊籃由下往上種，讓植株可以自由地往下懸垂，這樣會更適合植株生長。栽培時，要選擇明亮的日陰環境，以及正午之外有短時間的日照。介質不需要一直維持很濕，可以等變乾後再澆水。

除了石松以外，還有很多懸垂生長的蕨類，像是帶狀瓶爾小草、書帶蕨、松葉蕨和扁葉松葉蕨等，也極適合以吊盆培植。但是帶狀瓶爾小草、松葉蕨及扁葉松葉蕨在移植時要特別小心，盡可能不要傷到它們粗大的根；採用的介質以接近它們原本生長環境的材質為佳。最好

樹蕨及
觀音座蓮

扁葉松葉蕨*Psilotum complanatum*是分布廣卻稀有的古老植物，若小心栽培，也可長成巨大的懸垂吊盆。

附生於南美洲樹幹上的某種瓶爾小草*Ophioglossum* sp.，葉片先端分岔，孢子囊就長在分岔處。

樹蕨是一群外表如樹木般直立的蕨類的簡稱，它包含幾個外觀類似但卻屬於不同科的成員，例如桫欏科、蚌殼蕨科、烏毛蕨科等。另外，金毛狗蕨及觀音座蓮雖然沒有直立的莖幹，但因為植株基部呈現特殊的膨大型態，而被當作觀賞植物。

溫帶國家的人大多認為樹蕨具有熱帶氣息，或將它看作恐龍時代的代表，其實樹蕨在熱帶地區多半要在1200公尺以上的高山雲霧林才見得到，所以在熱帶地區，樹蕨給當地人的印象反而是一種高山植物，這與溫帶國家的人體認恰好相反。

樹蕨需要的氣候環境是潮濕的亞熱帶氣候，世界上幾個產樹蕨的地區，除了台灣等亞洲東南部外，還包括澳洲東南部、紐西蘭北島、巴西東南部的大西洋森

不要將舊介質移除，因為植株需要共生的細菌才長得好，如果將附著於植株根部的舊材質完全移除，再移到全新的介質後，它們常會因此而發育不良。所以初次栽培時，最好選擇人工馴化好的植株，如此可以避免很多麻煩。這些著生的懸垂性蕨類，多半不適合掛在風大的地方，以免葉片受傷。

林等亞熱帶地區，在其他熱帶地區像是祕魯、厄瓜多、印尼及馬來西亞，要到高山上才看得到樹蕨。在台灣，雖然可以見到樹蕨野生於平地的環境，但多半分布在北部潮濕地區，在南部要到達500公尺的低山帶才有。

蘇鐵蕨 *Brainea insignis* 在台灣是很稀有的植物，但在泰國經常被栽植為庭園景觀植物，取代在熱帶高溫地區適應不良的樹蕨。

樹蕨對環境的需求有點苛刻，但很多時候人們在不理解的情形下，將它們移植到住宅環境，造成它們死去。在台灣北部，不妨將日照良好的一角讓給杪欏；但是在南部平地，如果要栽培杪欏，那就需要選擇有半天日照的潮濕環境。在移植杪欏後，需要裝設自動噴霧系統，以維持空氣溼度的穩定，特別要注意由氣根聚集而成的莖幹需要水分的滋潤。

樹蕨需要充足的陽光，在原生地只分布在陽光照射得到的區域，有高樹遮蔭的地方是無法見到它們的，這和一般人對蕨類喜歡陰暗環境的認知，有很大的差距。因此在家中栽培樹蕨時，一定要注意每天讓它直曬陽光數小時。

烏毛蕨科中，有幾種枝幹挺立的種類被用作樹蕨的替代品，它們好種多了，在終日明亮的日陰環境能長得不錯。但這類烏毛蕨在夏秋之際，似乎很容易遭到夜盜蛾的攻擊，要小心防備才行。蘇鐵蕨也不太難種，需要有日照數小時的環境，只是對空氣濕度的需求不像杪欏那樣苛刻。觀音座蓮是很容易在日陰環境培養的

自烏毛蕨中挑選出來的迷你種烏毛蕨，由於體積嬌小，幾乎可以當作迷你盆栽中的小樹蕨。

蕨類，只需要有明亮的日陰，以及寬敞的空間來容納它巨大的葉序。在野外巨大的植株不太容易移植，因此最好是

產於印尼諸島的奇特觀音座蓮，葉柄有特殊輪狀環紋。

烏毛蕨屬中有幾種具有樹蕨那般直立的造型，它們多半容易在半陰環境下培育。

和多數會反藍光的蕨類相比，美洲藍反光舌蕨 *E. metalicum* 的藍光特強，且植株巨大，廣受世界上蕨迷的愛好，夏季需注意高溫。

S. erythropus 葉面為暗綠色，葉背則是搶眼的鮮紅色，極具觀賞價值。

在泰國所見到近似北美細葉卷柏的物種，它對熱帶地區的高溫毫無畏懼。

由小株開始培育。金毛狗蕨在野外多是長在岩壁上，需要短時間的充足日照，因此在家中栽培時，除了要找光線比較好的地方外，也要用排水好的介質。

其他地生蕨類

除了上述幾個園藝上常栽培的蕨類大家族外，還有不少蕨類也具有觀賞價值，因而被當作園藝植物。

一種蘇門答臘高地雲霧林的大型車前蕨，水滴狀的葉片連結在細細的葉柄上。

只出現在婆羅洲內陸的裂葉雙扇蕨，多分布在未污染的河流裡的岩石上，對於環境有一定的挑剔度，栽植時需要費心照料。

銀毛田字草 *M. drummondii* 栽培方式很簡單，生長性質強，只要一盆淺水、極短時間的日曬，就能長得好。

地耳蕨 *Quercifilix zeylanica* 的葉片具有大理石般的斑駁，幼葉與成熟葉的差異很大，極具觀賞價值。

婆羅洲沙勞越中部山區岩壁上的某種蕨類，革質的葉片上鑲有一圈銀邊，葉面灑滿銀色斑點。

舌蕨 *Elaphoglossum*：舌蕨在中南美洲是個大家族，特別是安地斯山東側、鄰近亞馬遜河的雲霧林裡，有著不少外型變化多端的種類。但是產在這裡的種類不易在台灣栽種，往往因為夏季的高溫而衰竭，因此如果沒有降溫設施，最好選擇較耐高溫的低海拔種類。舌蕨大多是半著生的性質，因此介質的排水要好，避免積水的環境。

卷柏 *Selaginella*：卷柏也和石松一樣，和蕨類的關係似乎較遠，很多種類在園藝上常可以見到。這些園藝繁殖的卷柏有不少來自荷蘭等溫帶國家，或是從墨西哥山區、南非產的原生種中選別出來，在台灣的夏季易因高溫而腐爛。雖然在台灣的冬季或春季很容易在花市見到，但多半只能當作臨時性的觀賞植物。

其實熱帶地區還有很

擬貫眾蕨Cyclopeltis presliana的外型像是會反射藍光的腎蕨，多分布在馬來半島及婆羅洲的石灰岩區，能忍受比較少的日照，算是很容易培養的觀賞蕨類。

多種具有觀賞價值的卷柏，這些種類在高溫時期有不錯的適應力，即使在冬季也有不錯的耐寒力，只要有明亮的日陰及排水好的介質，就可以長得很好。如果住家有遮陰的庭園，不妨在走道踏石間的縫隙中種這類低矮的卷柏，一旦長滿了會是一片趣味盎然的景致。

萬年松也是卷柏的一種，在日本有許多被選別出來的斑葉品系，它們似乎已經順應日本秋季的低溫，會改變葉片的顏色，而栽種在台灣的萬年松，由於冬季溫差不是很明顯，葉片的色彩無法像栽植於日本的那般華麗。

田字草Marsilea：田字草算是蕨類中生長習性較特別的一群，需要潮溼積水的環境和明亮的日照，這類成員廣泛分布於亞熱帶及熱帶地區，只要將植株栽種於可以蓄水的容器中，底土採用黏土，讓表面積著淺淺的水，田字草的蔓生走莖便會在水中游走。在培養一段時日後，葉片會因為植株在盆中纏繞而變得擁擠，此時最好作適當的分株，不然田字草會衰敗得很快。夏季過熱時，建議減少日照時間，或是在上面拉張遮光網，以免葉片曬焦。

車前蕨Antrophyum：車前蕨擁有造型特殊的葉片，在台灣多半在山區較濕涼的環境才可看到，但在赤道地區，它們的分布卻很多樣化。

車前蕨大多附生在潮濕的石壁或樹幹上，也見於海拔1500公尺的雲霧林，在平地的可可樹園中或市區住家的庭園樹上，也能發現它們，就像我們平時見到的腎蕨或鳳尾蕨那般平常。但是經過幾次的試驗，筆者發現，不論高海拔種或低地種，它們都需要空氣濕度高且恆定的生長環境，如果空氣濕度經常變動，植株會馬上顯現出緊迫的態勢而停止生長，因此建議培養在高濕度的密閉容器或玻璃花房中，介質宜選擇排水好的材料。

燕尾蕨Cheiropleuria bicuspis的造型特殊，由於在熱帶地區多分布在高海拔的雲霧帶，對高溫環境的忍受度很低，夏季需有降溫設施。

第四章
鳳梨家族

空氣鳳梨、擎天鳳梨、
鸚哥鳳梨、帝王鳳梨、
蜻蜓鳳梨、筒狀鳳梨、
絨葉小鳳梨、五彩鳳
梨、鳥巢鳳梨、龜甲
鳳梨、球花鳳梨、莪
羅鳳梨、硬葉鳳梨、
銀葉鳳梨、德氏鳳梨、
普亞鳳梨、皮氏鳳梨、
Encholirium。

第四章 鳳梨家族

空氣鳳梨、擎天鳳梨、鸚哥鳳梨、帝王鳳梨、蜻蜓鳳梨、筒狀鳳梨、絨葉小鳳梨、五彩鳳梨、鳥巢鳳梨、龜甲鳳梨、球花鳳梨、菨羅鳳梨、硬葉鳳梨、銀葉鳳梨、德氏鳳梨、普亞鳳梨、皮氏鳳梨、*Encholirium*。

菲律賓某豪宅前院，以多種觀賞鳳梨組合成的鳳梨花壇。

泰國東芭植物園內的鳳梨主題館，以多種鳳梨布置而成的立體花園。

鳳梨科植物是美洲大陸特有，在其他熱帶地區是看不到的。或許很多人以為鳳梨科植物指的是近年來常見的空氣鳳梨，或會有青蛙去下蛋的積水鳳梨，其實鳳梨科植物為了適應中南美洲多樣的氣候環境，早已演化成構造差異很大的龐大家族。

以果實型態可分成三個亞科：果實為漿果，靠動物取食傳播種子的「鳳梨亞科」；果實為蒴果，但種子有類似蒲公英的細毛，可借風力傳播的「空氣鳳梨亞科」；果實為蒴果但種子不具飛行能力，直接掉落地面的「硬葉鳳梨」（也有人譯做「皮氏鳳梨」）。這三類植物雖然外觀看來極類

似，生理上還是有很大的差異。由於它們源自不同的家族，在熱帶美洲各種不同的棲地上，它們採用不同的方式適應自然氣候的限制。

例如巴西海岸山脈的雨林中，多數的鳳梨亞科會選擇樹冠層陽光充足的環境，或中層陽光比較適中處著生，並以葉心會積水的筒狀葉收取雨水。空氣鳳梨亞科也會在陽光明亮的樹梢，或雨林下層陰濕的環境著生，利用葉面上的鱗片及積水的葉心來獲得水分。硬葉鳳梨亞科因為不具有著生的吸附根，也沒有能收集水分的筒狀葉，因此大多長在陰暗的林床上。

至於在巴西高原上，鳳梨亞科有許多成員進化成葉面有許多鱗片以遮蔽強光，但是這類鱗片無法像空氣鳳梨那樣吸收水分，仍要仰賴根部。在這種乾地環境，空氣鳳梨會以不很發達的根部固定在石頭上，並以特化的鱗片吸收晨

泰國鳳梨展上，以多種色彩之鳳梨妝扮而成的鳳梨花園。

泰國曼谷的植物愛好者模擬原生地的著生方式，將觀賞鳳梨附生於鳳凰木上。

霧或夜露。硬葉鳳梨則多利用發達的根部，深入土層吸收水分，並利用多刺的葉片將自己武裝起來，以免遭到野生動物取食。

很多人以為除了我們食用的鳳梨之外，觀賞

來自委瑞內拉蓋亞納高原上的罕見鳳梨*Navia arida*，屬於硬葉（皮氏）鳳梨亞科。

鳳梨都長在樹上，其實著生的觀賞鳳梨固然很多，但長在地上或附生岩石上的也不少，依照它們自然環境的生態，可以衍生另類栽培法，玩出很多花樣，或許這也是觀賞鳳梨在國外很受歡迎的原因。

鳳梨科植物著生在熱帶美洲森林中的典型景象，這是一般人對鳳梨的基本印象，其實為了適應棲地多樣的氣候變化，鳳梨科植物早已演化成多種生態方式。

許多地生型鳳梨原生於乾旱之地，這種和仙人掌長在一塊的景象相當平常。

空氣鳳梨

Tillandsia

栽培管理上分成銀葉系與綠葉系。綠葉系的空氣鳳梨可分為會積水的筒狀寬葉型，及不會積水的細葉型。這兩類在栽培時要注意，根部大多喜歡保持適當的溼度，最好不要直接裸根附在木頭上，如果要以附生的方式栽培，最好添加水苔等保濕材質，讓根部乾濕變化不會太劇烈，採用一般盆植的方式比較容易管理。

綠葉型的空氣鳳梨大多來自降雨比較充足的

*T. funckiana*屬於銀葉系的空氣鳳梨，適宜綁在漂流木上懸掛起來栽植。

*T. flabellata*是綠葉系積水型空氣鳳梨，這類美花的種類在歐洲多半以觀花盆栽大量生產。

*T. hildae*雖然是銀葉系空氣鳳梨，卻是長在地上的種類，最好以盆植的方式栽種，植株巨大，可以長到直徑3呎以上。

*T. dyeriana*擁有空氣鳳梨中花朵最讓人印象深刻之原種，花朵像赫蕉一般下垂，是生長在紅樹林中的積水型空氣鳳梨，栽培法和其他積水鳳梨相仿。

許多銀葉系的空氣鳳梨，植株很迷你，造型多半像是一些針葉樹的新芽。

綠葉系空氣鳳梨來自高海拔的雲霧林，如果無法提供適當的環境，建議不要栽培。

　銀葉系的空氣鳳梨算是市場常見的植物。葉上的鱗片分為兩類，一種是細鱗片呈均勻分布，一種是鱗片很長，看似絨毛。這類看起來毛茸茸的鳳梨，在培養時要特別注意，因為它們若不是來自很乾燥的地方，便是來自多霧氣的環境（種類很少，例

雨林，對於日照的需求較小，夏季絕對要避開中午直曬的陽光，在台灣只要掛在樹陰下或和蘭科植物擺在一起，就可以長得很好。少部分

銀葉系空氣鳳梨適合栽植在通風與光線良好的環境。可以將綁附空氣鳳梨的漂流木懸掛在柵欄上，但在長雨期還是要有遮雨的設施。

T. brenneri是產在安地斯山東側雲霧林的積水型空氣鳳梨，需要較高的空氣濕度與遮陰環境，根部喜歡通氣好，以附生的方式綁在小漂流木上栽植比較理想。

如 *T. pruinosa*）。來自乾燥區域的種類，在台灣多半不太容易栽培，除了它們不適應台灣的高濕外，還因為它們多半喜歡日夜溫差很大的環境。因此培養這類多毛的空氣鳳梨，架設避雨的設施是最基本的，另外加強通風也很重要。

栽培銀葉系的空氣鳳梨，要有日照和通風的環境，如果會淋到雨，就要加設遮雨設施。澆水要選擇夜晚涼爽的時刻，絕對不要在白天。總之，銀葉系空氣鳳梨

一些比較耐濕且強健的半銀葉系空氣鳳梨，可以仿照積水鳳梨，直接綁在庭園的樹幹上。

的栽培管理就是在空氣濕度及水分之間找到平衡點。在空氣乾燥或風很大的日子，每天澆水也沒有關係，但如果是雨季，或空氣濕度很高，要避免在那幾天澆水。避免夏季中午灼熱的陽光，其餘時刻以

曬得到陽光的環境最好（朝南或朝東的陽台較佳），通風也要好，若空氣不流通，不妨架設風扇。不少銀葉系的空氣鳳梨在野外不是長在樹枝上，而是附著在岩石上，因此可在瓦盆中以幾顆石塊固定植株，

會發得不錯。

　南美洲的智利與祕魯之太平洋沿岸沙漠是世上最乾燥的地區，這裡海岸邊的沙丘長著許多空氣鳳梨，它們沒有根系，任憑狂風吹襲地在沙丘漂移。這裡的氣候有半年是乾熱且艷陽高照的夏季（但在沙漠夜晚還是比較涼），空氣鳳梨多半在此時期休眠。另外的半年則是截然不同的陰溼冬季，就像冬季的台北，少有

空氣鳳梨多樣化的生態環境

岩生型的綠葉積水型空氣鳳梨 T. fendleri。

岩生型的銀葉系空氣鳳梨 T. paleacea。

著生型的綠葉積水型空氣鳳梨 T. complanata。

著生在樹上包裹滿樹的銀葉系空氣鳳梨。

陽光露臉，而且終日飄著如絲的霧雨，空氣鳳梨貪婪地以鱗片吸收水分。因此在台灣栽培這類空氣鳳梨時，夏季需要加強通風，避免淋到雨水，在北部冬季若能避開過多的降雨，就很容易培養，在乾燥且強光的中南部則最好將它們移到遮陰環境，經常性地噴霧。由於它們沒有根扎入砂層中，找個地方擺著即可。

近年來一些比較容易照顧的銀葉系空氣鳳梨，在人為繁殖下，大量供應園藝市場，有人用它們來點綴室內，建議不宜在室內擺太久，空氣流通對這類鳳梨真的很重要，將它們放在陽台曬衣服的環境會是不錯的選擇，陽光與通風能讓它們長得很好。

雖然銀葉系的空氣鳳梨分布在多樣化的環境，但建議選擇產在中美洲或巴西低海拔的種類，一些來自玻利維亞中海拔的種類也不難種植。來自祕魯太平洋岸或中美洲高地、安地斯山高海拔的嬌客，因台灣的氣候與原生地差異過大，較難適應，如果不在環境上滿足它們的需求，多半會慢慢地虛弱而死。

南美洲太平洋沿岸，躺在沙漠上到處漂泊的銀葉系空氣鳳梨*T. latifolia*。

生長在電線桿上的銀葉系空氣鳳梨*T. recurvata*。

擎天鳳梨

Guzmania

擎天鳳梨可說是除了食用鳳梨外，栽培最廣的鳳梨。主要原因是花萼苞片可維持較久，而且葉緣沒有刺，擺在室內窗口也不必擔心，所以除了居家環境，也被大量使用在商業空間的美化。大量生產的種類多是以多種原種相互雜交選別出來的。

擎天鳳梨絕大多數產在哥倫比亞至祕魯的安地斯山東側高地雨林，只有少數產於其他濕熱的區域，例如美國南

黃色系擎天鳳梨園藝種中最有名的個體*G. Puna Gold*，是夏威夷育出的園藝種。

*G. puyoensis*纖細的葉片若是沒開花，極容易被人誤以為是禾草之類的植物，植株低矮，容易栽植。

粉紅色苞片的擎天鳳梨園藝種*G. Lipstick*。

G. lingulata 是擎天鳳梨園藝種之育種過程中相當重要的原種，廣泛分布於哥斯大黎加至南美洲北部，適應力強，不難栽培，圖中是被稱作Fortuna的美麗個體，苞片先端呈白色。

擎天鳳梨的交配種，由於參與育種的原種很多，因此今日可以看到眾多花形的晴天鳳梨。

G. bismarckii來自祕魯的亞馬遜河流域，植株很大，像是羽毛斑紋的噴泉，但因不耐移植，多半出口後只有少數可以存活，至今依然是罕見的物種。

部至巴西的海岸山脈。這屬的成員對環境的要求相當單純，喜愛潮溼與陽光不直射的明亮環境，園藝種多半已經適應一般家居的氣溫，但是不少原生種來自高海拔的雲霧林，在夏季就要特別注意。一般來說，安地斯山1800公尺以上的種類，在台灣平地越夏時會有很多生理障礙，應有特別的降溫設施，否則避免栽植。
　　園藝種多半在秋冬大量上市，這是因應年

廣泛分布於南美洲北部的馬賽克擎天鳳梨G. musaica，它對夏季的高溫有點招架不住，多半要到秋季天涼後才會回復正常的生長勢，是少數具有美麗葉色的種類。

G. sanguinea的低矮外觀，極容易讓人誤認為它是五彩鳳梨的一種，但它的葉緣沒有鋸齒，並有五彩鳳梨所沒有的黃色花朵。原種開花時會將苞片轉成豔麗的血紅色，以吸引授粉者，一旦花期結束，紅色苞片會變回綠色。

節花卉需求所做的人為調節，其實在自然氣候下，它們的花期多半在早春到初夏。栽培時和綠葉系的空氣鳳梨一樣，介質不要過分乾

G. sanguinea var. comosa雖然被列為G. sanguinea的變種，但是花朵顏色和開花習性卻相差很大，它有鳳梨科中最怪的開花習性——花朵開在植株中心的積水處，但葉片不像一般的G. sanguinea那樣變色，而且在中心積水處另外長出像是豔麗苞片的奇特器官，但花朵並未附生在這紅色器官上，真不知這像花一般的部位該稱做什麼？

附生在祕魯雨林樹幹上的 *G. patula*，廣泛分布於南美洲北部，因不具有美麗的苞片，不曾加入園藝種交配的行列。

的空氣濕度，或是替其他還沒捲心的植物換位置，已經捲心的可以將外圍幾片捲心的葉剪除，讓內部的新葉可以伸展，如果整個芽捲得很嚴重，那就只好期待下個新芽了。

鸚哥鳳梨
Vriesea

鸚哥鳳梨也是園藝市場上常見的觀賞盆花，具有類似擎天鳳梨的多種優點，因此人為雜交育種的園藝種很多，但因為鸚哥鳳梨的原種歧異度比擎天鳳梨大，因此給人的印象是這屬的

燥，出現微乾狀態就要澆水。園藝生產者大多使用泥炭土為介質，若是購入這類盆栽，澆水時要小心，因為泥炭土乾得很慢，所以澆水前須確認泥炭土是否夠乾，若是毫無節制地澆水，會導致爛根。由於這些鳳梨會從新的生長點開花，建議花謝後等新芽長到母株一半大的直徑時，直接剪下來，更換一般自家種花所使用的介質材料。

由於原生種多來自高濕氣的雨林，因此即使經過園藝改良，對空氣濕度的需求依然比其他屬的觀賞鳳梨要高，如果空氣過於乾燥，極易出現生長點捲心的現象，如果發生這種現象，就要調整栽培環境

荷蘭育種的盆花園藝種 *V. Charlotte*，花序會分岔，花期持久，在年末低溫期花序可維持近3個月。

*V. hieroglyphica*在國際鳳梨蒐集者口中，享有「鳳梨王」之美稱，植株巨大且葉斑分明，因為偏好冷涼，夏季需要注意遮陰與通風。

V. fosteriana var. *seideliana*是極受鳳梨蒐集者喜好的種類，原種的花紋及顏色變化多端，對夏季高溫有些畏懼，但比鳳梨王好種許多，只要稍微注意，多半可以度夏。

*V. fenestralis*是觀葉夜花型鸚哥鳳梨中，比較不畏懼高溫的中型種，葉面的格子網紋相當美麗。

V. ospinae var. *gruberi*的園藝種，一般的原種是綠色底配上紫色的斑紋，為紫斑全數變為白斑的園藝挑選種，原種於白天開花，花色和基本種的*V. ospinae* var. *ospinae*同為黃色花序，但是這變種的花序更大且會分岔，是花葉俱美且容易栽培的種類。

V. gigantean var. *seideliana*這原種就是經常在美國資料上稱作Nova的個體，可以忍受比其他觀葉夜花型鸚哥鳳梨還要強的日曬和高溫，是較好種的種類。植株不小，需有寬廣的栽培空間。

V. platynema var. *variegata* 與*V. gigantean*的雜交園藝種，葉色和親本近似，為白底紫色格子的花紋。

虎斑鸚哥鳳梨 V. splendens 也是這屬中少數花葉俱美且容易栽培的種類之一，花市一般見到的斑紋近似的盆栽，是以這原種反覆和他種交配的園藝種，植株比原種稍大。

使用多種親本育成的觀葉系鸚哥鳳梨，這類美麗的園藝種多半在紐西蘭或夏威夷雜交選別出，再由荷蘭行銷全球。

外觀差異似乎很大。

本屬大致可以分為三類：銀葉系、夜花斑葉系及晝花綠葉系。

銀葉系大多產在較乾旱的環境，只憑外觀來辨識，很難跟空氣鳳梨區別，種類並不是很多，管理方式可以比照銀葉系的空氣鳳梨。

夜花斑葉系在野外的夜晚開花，利用夜行性的蛾或蝙蝠授粉，花朵多呈米白色，有的花瓣上有斑點，葉多半具有特殊的花紋，目前在紐西蘭、夏威夷可見到多種讓人驚艷的華麗交配種，供作園藝盆栽或日陰庭園的景觀植物。這類夜花斑葉系的原種多產在巴西海岸山脈接近南部的區域，緯度高於南迴歸線，屬於亞熱帶，比較喜歡冷涼的氣候。在台灣北部除了少數原種（如 V. hieroglyphica）夏季會有適應不良的情況外，其他多數原種及交配種適應力還不錯，但是在中南部就要盡量選擇較耐高溫的種類，像是 V. fenestralis 與 V. gigantea 等。

晝花綠葉系其實只是一種粗略的劃分，雖稱綠葉，其實有不少種類具有美麗的斑葉，例如虎斑鳳梨 V. splendens、V. ospinae、V. guttata 等。它們的葉不比夜花斑葉系遜色。之所以給人綠葉的印象，是因為不少原種被選為觀葉盆栽交配種的親本。它們除了綠葉外，多具有色彩艷麗的扁平苞片，花朵多呈黃色，並於白天開放，利用蜂鳥授粉。園藝種的苞片多半維持近3個月，花朵開完後可以將凋謝的小花剔除，這樣豔麗的苞片看起來比較清爽。值得注意的是，原種在抽花梗時需要比較高的溼度，如果溼度不足，花梗會長得比較短。除了銀葉系需採用空氣鳳梨的管理方式外，其他兩類的栽培和

擎天鳳梨相同。

空氣鳳梨亞科的成員在開完花後，會自舊株長出新芽，以提供下一輪的成長，這和一般常見的鳳梨亞科會自舊株另外抽短莖不同，因此如果要分株，就要直接將整個舊株切開。其實除非很容易冒出新芽才做分株，否則還是以舊株的根系來培養，對新芽比較理想。

帝王鳳梨

Alcantarea

帝王鳳梨以往歸在鸚哥鳳梨屬，近幾年來和中美洲的瓦奧鳳梨*Werauhia*一樣被分出來。植株多半很巨大，許多種類不是長在日照充足的樹冠層，便是長在斷崖或山頂的石壁上，多處於陽光照射強烈之處。因此，即使原產於比較冷涼的巴西南部或高海拔山區，在強光照射下，對於溫度的適應力明顯比長在雨林日陰處的鸚哥鳳梨要

澳洲昆士蘭栽植帝王鳳梨*A. imperialis*（綠色）的庭園。

*A. odorata*具有帝王鳳梨中少有的銀白色葉面，因此也經常被利用於景觀布置。

強。此外，它們在赤道低海拔的環境也可以長得不錯，無需擔心怕熱要遮光。其實它們需要充足的日照，遮光反而會導致生長不良。

帝王鳳梨體積大，如果居家環境空間不是很大，就不要將它搬回家，以免日後發現像在小籠子裡養恐龍。又因為它們需要充足的日照，建議選擇朝南之處，北面多半只有夏季才可獲得日照。對空間大的庭園來說，帝王鳳

圖中葉面紫黑色的即為瓦奧鳳梨 *Werauhia sanguinolenta*，由於容易栽植且葉色特殊，也常利用於造園。

*Werauhia kupperiana*具有美麗的葉面花紋，看起來近似鸚哥鳳梨*V. fenestralis*，但比較好種。

梨是很好的景觀素材，只要幾株，就成為花園中視覺的焦點。

中美洲的瓦奧鳳梨部分原種的葉片，具有類似夜花斑葉系鸚哥鳳梨的美麗斑葉，它們也和帝王鳳梨一樣喜歡陽光，且有不錯的耐熱性，可說是高溫地區極適合用來替代帝王鳳梨的植物，只是瓦奧鳳梨體積龐大，在空間的規劃上一定要先留意。帝王鳳梨因為植株巨大，多半是以地植的方式培養。種植時，不要以挖洞再埋入的方式，只要將植株擺在地面，周圍用樹皮及石頭類加以覆蓋堆積，過不多久，植株便會抓住這些介質。如果一定要採用盆栽的方式，那就要用大盆子，並添入碎石及樹皮類的混合介質。在繁殖上，帝王鳳梨由於體積龐大，植株不容易在開完花後有多的側芽可以分割，多用種子繁殖，但由播種至成株長成需要非常久的時間。

帝王鳳梨有個特殊習性，在實生苗的幼株階段（大約20～30公分高），幼株周圍產生很多側芽，這些側芽可以剝下來栽植，是不錯的繁殖方式，若沒有剝下來，側芽會逐漸失去活性而萎縮，最後成株不再那般容易長側芽了。帝王鳳梨外觀像鸚哥鳳梨，但兩者在栽培管理上卻截然不同。

A. dichlamydea var. *trinitensis*是大型的蜻蜓鳳梨，需要較寬廣的空間，在強光的環境培養下可以展現出類似圖中黃綠色的葉片，配上藍紫色的花序，顏色對比強。

蜻蜓鳳梨

Aechmea

蜻蜓鳳梨算是鳳梨科家族中平均散布在各處的種類，不像多數鳳梨會以某處為中心向外擴展，形成某處物種密集而某處卻很少見的情形。蜻蜓鳳梨在拉丁美洲各國都可見到不同的種類。或許是因為這般分布廣泛，蜻蜓鳳梨彼此間的差距並不小，因此在屬之下，近似的原種又被劃分作許多不同的節，也有些節曾是獨立的屬，但後來又化繁

*A. orlandiana*是中型的蜻蜓鳳梨，由於植株多半是比較挺立的筒狀造型，適合小空間的環境栽植。此原種由於葉片上有極具個性的斑紋，因此和斑馬鳳梨一樣，這屬有許多人為選拔的園藝變異個體。

為簡，將許多小屬都劃入蜻蜓鳳梨屬中，造成今日蜻蜓鳳梨屬中，有很多種讓人無法聯想都是同一屬的情況。

蜻蜓鳳梨多數長在低海拔地區，對於乾熱的季節變化具有相當好的適應力，因此在台灣中南部可以長得很好，但在台灣北部的冬季，一些種類就需要注意保溫或增強日照。例如陰雨冷涼的北部冬季，會讓斑馬鳳梨等來自亞馬遜流域的蜻蜓鳳梨生長衰

A. *triangularis*的植株造型相當特殊，幼年期的葉片呈線形，長大後，葉子會變成寬短的三角形反捲，包得尖尖的像粽子一般，由於葉緣的刺非常巨大且尖銳，給人一種猛獸般的異樣感受。

A. *chantinii*斑馬鳳梨搶眼的斑紋為多數人著迷，長久以來便有許多人為選拔園藝種和龐大的交配族群。這原種源自亞馬遜河沿岸的低濕地，很適應終年高溫的環境，因此在台灣冬季需有完善的保溫措施，台北陰濕的冬季尤其需要補光的設備及避雨。

A. *biflora*是筆者認為鳳梨中最美的物種，可惜圖片攝於花期已過的植株狀態。這原種在花期時，所有的外圍葉片會轉為鮮紅色，中心的苞片則呈鮮黃色，而苞片中所開的花朵皆為紫色（圖中凋謝的花已轉變為黑色），這種對比最強烈的色彩搭配，大概是植物界中少有的。

A. *tayoensis*大概是這屬中最特異的一種，原種至今在野外只被見過兩次，特異的葉片造型也是這屬中少有的。因為地生於厄瓜多與祕魯交界的高濕雨林，因此栽培環境近似鸚哥鳳梨，若以一般蜻蜓鳳梨強光的著生方式栽植，反而容易死去。

弱。因此如果無法做到保溫，要避免栽植這類鳳梨。

鳳梨亞科的成員葉緣大多有刺，而蜻蜓鳳梨的刺算是其中最扎人的，而且許多種類體積不小，在家中擺設時要

*A. gamosepala*是小型的蜻蜓鳳梨，植株少刺且成長快速，在熱帶國家多利用於花園的地被植物。藍色穗狀的花像是葡萄風信子一般美麗。

避開進出頻繁之處，以免有人被銳刺所傷，尤其要留意寵物及小孩。

蜻蜓鳳梨 *A. fasciata*算是這屬中被園藝選別作為盆花最多的種類，目前也有無刺的品種被選作育種及盆栽。它的花序及苞片多半可維持2個月，但是小花的花期很短，如果覺得凋謝的小花礙眼，可以剪除以維持整個苞片的整潔。

蜻蜓鳳梨需要明亮的日照，在台灣中南部日照充足之處，頂多在夏季拉一張遮光約30%的遮網即可。一些來自海邊的沙灘植物，如*A. blanchetiana*可以終年在強光下曝曬，因此在北部不妨找日照充足的環境栽植；光線若不充足，植株的顏色就無法表現出原種既有的美麗外觀。

由於這屬的成員多半直接長在樹幹上，很少長在苔蘚的介質上，因此盡可能選擇粗一點的材料當介質。澆一次水後，等介質完全乾再澆下一次，不要讓介質一直維持在微濕狀態，這和前述的擎天鳳梨及鸚哥鳳梨的介質管理有點不同。許多原種如斑馬鳳梨或 *A. orlandiana* 等近緣種，走莖喜歡圈抱著樹幹，若無法讓它們附生在漂流木或蛇木棍上，建議以栽培蘭花的木框或盆邊有孔洞的素燒盆來培養。若以一般的盆子栽培，會有植株走莖自盆底小洞鑽出的困擾。

植株在成熟、開始開花時，多半已長出走莖，並且冒出另一根新芽，很多人會因此誤認走莖上已經冒出很多根新芽，並將芽點與發根的走莖一同切下，另外

分植。其實等芽點大到約母株的一半高時再剪會比較好；即便已經有根，太早剪，半途死去的機率仍很高。至於花期，這屬的成員複雜，花期相當分散，比較難統一出主要的花期。

筒狀鳳梨
Billbergia

筒狀鳳梨是原種不多，但園藝改良種相當豐富的一屬，從外觀多半一眼就可看出，多數直立的葉子圍成像積水的桶子模樣，外觀不像蜻蜓鳳梨那般多樣化。這屬近年來在美國南部改良後，出現許多葉片具有華麗的顏色、斑點及條紋的種類。即使不是花期，單是欣賞這些五顏六色的小水桶便相當值得了。花期多半集中在冬季或早春，長約10天至2週，由於接近年節，是不錯的季節性賞花植物。

這類雜交的園藝種體積多半不大，只要用

葉片是粉紅底配上白斑的園藝交配種。

暗綠色葉片配上白斑的交配種，和植株相比，花朵顯得相當大。

黑色葉片配上白斑與白紋的園藝種，葉色之美要在日照充足的環境才可表現出來。

4吋盆栽植即可。它們近似蜻蜓鳳梨，喜歡乾溼分明的介質，選用小盆可以讓根部的介質乾得快一點，較不易爛根，而且已足夠讓植株長幾個生長點並懸掛幾串花。有些原種的植株

相當龐大，例如*B. rosea*近2公尺高，要用較大的盆子來栽植，否則一刮風便傾倒。在日照條件上，也和蜻蜓鳳梨類似，光線要夠，對冬季的低溫相當適應，算是很容易培養的鳳梨；如果擺在陽台培植，最好選擇朝南、終年日曬較充足之處。

絨葉小鳳梨
Cryptanthus

絨葉小鳳梨是外觀比較一致的小屬，除了少數幾個特殊的原種具有截然不同的外觀外，

大部分的種類多像海星那般平貼在地表。多數的原種見於巴西東南部海岸山脈雨林內的林床或坡地，只有極少數分布於山脈背後的內陸乾燥區，所有的成員都是地生植物，多數比較喜歡陽光不直射但明亮的環境。如果栽培環境陰暗，頂多讓植株徒長，葉色沒那般艷麗而已，但光線若過強，葉片會灼傷。

這屬也有很多園藝雜交品種，原生種反而不易在一般苗圃找到。由

虎紋葉片出現藝斑的園藝種，上為綠底白中斑的 *C. Dennis Cathcart*，下為黑葉紅中斑的 *C. Lisa Vinzant*。

以虎紋小鳳梨 *C. zonatus* 為主體育種出的眾多園藝種，遠遠看去像是搭配不同底色的虎紋植物。

以細葉小鳳梨 *C. colnagoi* 為主體育種出的眾多園藝種，每位成員像是針狀葉配上不同的顏色。

以匙葉小鳳梨 *C. beuckeri* 為主體育種出的眾多園藝種，遠遠看去像是湯匙葉形搭配不同底色的大理石紋。

匙葉小鳳梨交配系列中，顏色豔麗的有名園藝種 C. Strawberries Flambe。如此鮮豔的美色，需要給予充分的光線，太暗便會轉為綠色。

C. microglazioui 是直立型的種類，這屬中約有3種是這種生長方式，此為體積最小的原種，栽植方式和其他種類近似。

C. warasii 是這屬中外觀最特異的原種，大多數人會誤認它是硬葉鳳梨，栽培方式和一般絨葉小鳳梨類似，但需要比較充足的日照，由於葉表佈滿銀白色鱗片，需注意澆花的水質是否清潔並避免塵埃，否則植物容易變髒。

新發現的 C. argyrophyllus，是這屬中少數具有銀色葉片的原種，葉形宛如湯匙，需要比較明亮的環境，栽種方式和 C. warasii 近似。

於園藝種的葉色豔麗，很多人會像栽植空氣鳳梨那樣讓植株附生在木頭上，或拿來當作綠雕的素材。其實它們的根類似地生植物的根，具有根毛，一定要鑽入潮濕的介質才可以吸收水分，和著生植物的吸附性氣根是不同的，一旦被綁在樹上，便無法附著，也無法吸收水分，當體內水分消耗殆盡後便枯死。因此要避免用附生的方式。

多數的園藝種植株都不大，可以3吋盆栽植，相當適合空間小且

日照不足的環境，而且多數種類可用相同的方式管理。介質可以用泥炭土混合其他排水良好的材料。有些人用水苔來栽植，但是半年後小鳳梨的根系會因為水苔開始分解變酸而漸漸腐爛，因此若用水苔栽植，隔半年要更換一次。用水苔培養的植株多半沒長很大便開花，不像採用混合介質可以長得比較強壯。

部分分布於乾燥環境的小鳳梨，外觀和一般見到的園藝種有相當大的差異，有人以為它們可像仙人掌那樣曝曬於陽光下，其實它們多半原生於石壁裂縫中或其他不見強光的環境，每天可以接受數小時直射的光線，但不能由早曬到晚。栽培這類旱地型小鳳梨，應採用排水好、近似仙人掌用的介質材料，而且要等介質乾後再澆水。由於這類小鳳梨的根系較發達，可以栽植於如植株直徑大小的盆子。

小鳳梨是鳳梨科中，台灣冬季比較容易受到寒害的種類，部分斑葉種在溫度低於8度時，應暫時移到溫暖處。

五彩鳳梨
Neoregelia

五彩鳳梨是園藝愛好者最喜歡蒐集的觀賞鳳梨，它們的雜交園藝種在鳳梨科中應當是最多的，幾乎能在這屬的葉片上看到各種顏色，在許多國際園藝展或熱帶花園中，常有人以艷麗扁平的五彩鳳梨植株，拼成花壇或立體的彩色壁飾。

這些園藝種大多是用幾個色彩艷麗的中間種相互交配，之後再選別出美麗的品種。近年來，一些育種者更將以往不曾利用的部分大型原種和迷你原種交配，因此不少植株的外形變化得讓人無法想像。不過，有些園藝種只有在相同節的原種內雜交才具有稔性，若與血緣較疏遠的其他同屬原種交配，往往下一代會變成無花粉的植株。

五彩鳳梨也和小鳳梨一樣，主要產在巴西東南部，不過它們大多長在樹上或是岩壁上，有些甚至長在海灘上，

五彩鳳梨的原種 *N. cruenta*，產在巴西東部的海岸邊，對於強烈日照的忍受度很高，圖為相同原種但不同顏色的個體。

圖片中排的黃色鳳梨是*N. kautskyi*，這原種於花期時不會有色彩艷麗的婚姻色，但植株栽植於日夜溫差大且日照充足的場所時，便展現這屬中少有的艷麗黃色。

五彩鳳梨於生長階段，有時會出現螺旋階梯狀的葉序（筆者習慣稱之為螺旋階梯），這種狀態只出現於某些交配系統，發生的機率因為不高，對鳳梨蒐集者而言是相當珍奇的個體。

葉片出現的藝斑也是個觀賞重點，不少人以擁有藝斑的個體為珍稀。藝斑多分為兩種，一種是出現在葉片中央，稱之為中斑（名稱上多在字尾標示為*Variegata*），另一種是出現在葉緣兩側，多稱為外斑（名稱上多在字尾標示為*Albo-Marginata*），圖中兩者皆為相同的交配種，但左為中斑，右為外斑。

*N. lilliputiana*是體積最小的原種，性質強健，在高溫地區長得比較快，許多迷你種是以本種育種出來的。

比較需要強光。在台灣，夏季需要遮蔽50%的光線，或避開正午11點至2點的陽光直曬；冬季可以盡量接受光線，特別是日夜溫差大的時候，此時給予強光會讓葉色更加鮮豔。由於台灣北部的冬季經常下雨，顏色通常不是很美，要等到春季以後，溫度升高，日照明亮，才會在初夏艷麗。

以往五彩鳳梨要到快開花的時候，植株才

N. Lila具有少見的紫紅色，在以紅色系為主調的五彩鳳梨中算是獨樹一格，這也是比較新的交配種，生長到適當的大小就開始發色，不需要像早期的交配種或原種需要到花期才改變色彩。

N. Takemura Grande具有多數*N. concentrica*交配系列典型的斑點與寬短的葉片，很有個性的斑點是部分蒐集者的鍾愛。

N. Ariel 具有極為豔麗的紫色，由於兩親本的親源關係差異甚大，交配種為不孕性。

N. Anzac是有名的紅底黃斑交配種*N.* Gold Fever 與耐日曬的原種*N. cruenta* 的交配種，不但顏色豔麗，也可以接受強烈的日照。

N. Marble Snow 為中小型的交配種，葉片具有白色大理石般的花紋。

N. carolinae 與*N. concentrica* 的交配種為忍者 Ninja系列的交配種，這系統有許多是人為挑選再挑選的短葉種，數量不多，在展覽會上總是目光聚集的焦點，這類短葉種的生長速度多半很慢，宛如屋瓦重疊的葉片讓植株看起來像玫瑰，很受蒐集者喜愛，圖中為外斑的葉藝種，數量更加稀少。

N. Amazing Grace是五彩鳳梨中相當著名的交配種,由於花紋是少見的沿著葉脈直條排列,在一堆五顏六色的五彩鳳梨中,一眼便可認出。

一個美麗的交配種,源自於相當複雜的交配,((*N. carolinae* x Hannibal Lector) x Norman Bates) x *N. carcharodon* Tiger 原本的交配種為綠葉配上紫褐色橫斑的樣式。這株為難得的白斑葉藝種,紫褐色的橫斑在遇到綠色的底色變成白色直線後,形成特有的紅色橫紋,讓此交配種呈現多重色彩。

為蒐藏者青睞,在鳳梨協會的拍賣會上常常喊出驚人的價格。

五彩鳳梨屬中有一群被分做*Hylaeaicum*亞屬的成員,是少數非產於巴西海岸山脈的五彩鳳梨,多被發現在安地斯山東坡至亞馬遜河上游的潮濕雨林中。其吸芽生長方式和典型的五彩鳳梨有顯著的差異,多數皆為將吸芽延伸至遠方,並以懸吊的方式接續生長,這類五彩鳳梨比較適合以吊盆或框架栽植。此亞屬的五彩鳳梨不易和一般的五彩鳳梨雜交育種。圖中上為*N. mooreana*,下為*N. pendula* var. *brevifolia*。

出現豔麗的葉片,但是近年來不少新的園藝種在植株幼期就開始變色,觀賞期延長許多。過去五彩鳳梨的育種大多在澳洲昆士蘭和美國南部,這些年來在菲律賓、泰國也育出不少新的園藝種,筆者認為這屬的園藝種終將遠遠超過其他屬的成員。

值得一提的是,這屬鳳梨在經過繁複的雜交後,有許多突變的個體,例如無刺的、葉片變短的、葉片排列呈螺旋狀的、不會開花而一直往上抽高的,以及葉片有出藝的色斑等。其中短葉和螺旋排列葉序的突變種,及出藝種最

雖然在觀賞鳳梨中,五彩鳳梨的園藝種遠遠超過栽培面積最大的擎天鳳梨,但至今被大量繁殖作商業用途的五彩鳳梨還是不多,最主要的原因是它們的觀賞期比較短;不過已開始有一些觀賞期延長的新種被大量繁殖,作為盆花植物。

鳳梨展上，單是五彩鳳梨多變的色彩與花紋，便足以讓人駐足甚久。

五彩鳳梨由於花序短且多隱匿於心部的積水槽中，交配後不易標示名牌，可以剪細長型的塑膠名牌插在萼瓣與花瓣間的縫隙，如此一來便不會搞混育種時的親本。

栽培五彩鳳梨和其他積水鳳梨時要注意：在夏季高溫期，接近葉心的新葉葉緣會有腐爛現象，且有水溝般的

當果實肥大，果皮轉為白色時，即可採收種子。

氣味，對高夜溫適應不良的品系特別容易出現這種情況。一旦有此情況，務必避免植株的心部積水，要讓心部稍微乾燥，以便接受流動的空氣。可以在澆水後，倒掉植株心部的積水；

露天培養的植株最好移到可避雨之處，將植株朝一邊傾斜，讓多餘的水流出，等到秋季夜溫降低後，這種狀況便會減少，可以任其積水。

鳥巢鳳梨
Nidularium

鳥巢鳳梨的外觀和五彩鳳梨極近似，彼此的原生區域也相互重疊，只是生長的環境不大相同，五彩鳳梨大多長在樹冠或明亮的地方，鳥巢鳳梨則是選擇樹陰下

*Nidularium kautskyanum*是鳥巢鳳梨屬中體積最小的原種，適合栽植於日陰且空間小的環境。

Edmundoa lindenii var. *rosea* 也是昔日鳥巢鳳梨屬中最具有代表性的種類，但現在已經移作他屬，本種的葉片具有明顯的大理石紋，需要很長的時間才能開花，是體積巨大的種類。

*Canistropsis seidelii*的花序是特殊的棗紅色，適宜日陰環境栽培，花萼可維持相當久。

*Canistropsis billbergioides*曾是昔日鳥巢鳳梨屬中，最商業化繁殖的盆花，但近年來已經被分作其他屬。在昔日擎天鳳梨的改良不若今日發達時，這是鳳梨盆花中少有的黃花種。

等幽暗的環境。很多人分不出來兩者的差異，其實可以從苞片和葉子做比較，鳥巢鳳梨在快開花時苞片會變色，而五彩鳳梨的苞片似乎和葉子難以區分。或許是五彩鳳梨過於豔麗，因此以往較少人注意到鳥巢鳳梨的優點，近年來紐西蘭等地開始將鳥巢鳳梨雜交，利用鳥巢鳳梨不需明亮日照也可以有色彩艷麗的苞片之優勢，跟五彩鳳梨區隔。

鳥巢鳳梨在台灣北部的生長狀態，明顯比五彩鳳梨好。大多數的五彩鳳梨雖然不會因日照不足而死去，但是植株的色彩已經和原本所期待的相差很大，不像鳥巢鳳梨還能呈現原色調。鳥巢鳳梨曾是龐大的屬，過去植物分類不若現在仔細，因此

將一堆產在巴西東南部近似的鳳梨全歸為鳥巢鳳梨，像是*Edmundoa*、*Canistropsis*等，不過現在已獨立出來，栽培方式還是和鳥巢鳳梨一樣，喜歡日陰環境，夏季避免強烈的日曬。介質和澆水管理，則跟其他鳳梨亞科的成員一樣，最好讓介質乾溼交替。

龜甲鳳梨
Quesnelia

龜甲鳳梨是成員不多的一屬，多數成員外觀近似筒狀鳳梨或蜻蜓鳳梨，而且性質也很相近，栽培管理上可以用

Q. testudo 是龜甲鳳梨中最具代表性的原種，花序像魚鱗層層排列。需要較高溫的環境，冬季的低溫會導致它生長停滯不易開花。

Q. alvimii 是這屬中極為罕見卻讓收集者為之讚嘆的稀有種，灰白色的筒狀植株配上近似魚鰭般的葉片，整株看起來像松果。

蜻蜓鳳梨的栽培方式，只是有些種類來自比較陰暗的樹林，有些來自強光的季風林，因此在日照的需求得依據物種間彼此原生地的差異來調整。龜甲鳳梨的種類不多，被當作觀賞植物的只有3至5種左右。

球花鳳梨
Hohenbergia

球花鳳梨在園藝上算是很少見的植物，多數還是屬於蒐集者才會注意到的種類。這屬的特徵是像個開口的聚水桶，葉子多半是逗趣的肥短型或葉緣有銳刺。

球花鳳梨多半產在

H. species Leme #2203是尚未定名的原種，為植物學者 *Elton Leme* 所發現。

*H. leopoldo-horstii*大概是這屬中第一種杯狀種類，在球花鳳梨的收集蔚為風潮之後，許多陸續被人們收集的種類至今尚未被定名。

巴西東南部內陸較乾旱的地區，不少種類長在砂岩區，聳立的砂岩讓它們每天有一定的時間不會被強光照射，因此栽培時，要避免從早曬到晚。如果必須栽植在露天陽光長期直射的環境，夏季需要有30%的遮陰。介質可用石礫與樹皮等混合材料，其他管理和蜻蜓鳳梨一樣。

莪羅鳳梨

Orthophytum

x Neophytum Galactic Warrior 是五彩鳳梨與莪蘿交配種中的斑葉種，白色的花紋配上艷麗的紅葉，色彩對比非常強烈。雖然外觀近似莪蘿，但建議採取和五彩鳳梨相同的介質與管理方式，若和莪蘿一起栽培，多半會因缺水而生長

O. burle-marxii 是莪蘿屬中葉片較硬的種類，本種的花序比較短，直接開在心部，不像同屬的其他種類多將花開在抽高的莖上，由於生長較緩慢，需要排水好的介質。

莪羅鳳梨是鳳梨亞科中，外觀近似硬葉鳳梨亞科的一屬，它們為了適應乾燥的氣候環境，而有這樣的演化。和球花鳳梨一樣，大多分布在巴西乾燥的內陸環境，可以整年接受強烈日曬，在台灣如果採用排水好的介質，幾乎可以放在屋頂上任由它們靠天喝水，不需要特別管理，是好養的植物。當然如果要養得好看，

最好在夏天不下雨的日子，隔兩天澆一次水。目前已有一些人為雜交的園藝種，許多有美麗的花紋或銀色系的葉片，甚至還有出現藝斑的個體。由於這類植物耐日曬又耐乾，家中若有西曬又炎熱的陽台，不妨栽培這種鳳梨，相當省事。

O. gurkenii 是㩦羅鳳梨原種中唯一具有虎紋橫斑的原種，而O. Warren Loose 則是這原種經由人為選別的個體，像是披著一層白霜，由於葉片寬大，許多㩦蘿交配種皆用它來育種。

㩦羅鳳梨的外觀是放射狀蓮座型，快開花時開始抽花梗，之後在花梗上長出高芽，如果不剪下來，高芽會越長越大，當花梗無法繼續支撐時會倒向一邊，植株便利用這機會擴大生存地盤；開完花的母株還是會抽出新的芽點。雖然筆者一再強調這屬的植物需要強光，其實在弱光下它們也可以生長，不過植株多半會徒長，顏色也較為暗淡。

圖中3種不同顏色的㩦蘿皆是由原種O. saxicola選別出的個體，性質極為強健，極適合入門者。

硬葉鳳梨

Dyckia

硬葉鳳梨在很多仙人掌或多肉植物的愛好者眼中，就像是來自沙漠地區的植物，其實它

D. estevesii 擁有這屬中唯一左右排列葉序的種類，和一般圓形的蓮座型硬葉鳳梨有很大差異。

們分布的南美內陸區域多半不是沙漠地形，而是降雨較少的莽原。硬葉鳳梨對於乾旱的抵抗力很強，但在潮濕的環境也可以長得很不錯。在溫暖的亞熱帶或熱帶地區，只要露天環境有充足的光線，並定時澆水，可以長得很好，即使在雨季，也不用擔憂要避雨以防腐爛，有時它們還會拼命抽芽。

硬葉鳳梨也有很多雜交選別出來的園藝種，育種者大多重複使用葉片具有美麗銀色鱗片或葉色比較特別的幾個品系做交配，或許因為這樣，近年來硬葉鳳梨

的新品種給人大同小異的感覺，沒有太大的突破。

由於這類地生性鳳梨大多有非常發達的根部，最好選擇盆子直徑比植株直徑大一倍以上的，這樣植株抽新芽時就不必急著換盆子；盆子如果太小，容易發生根部把盆子撐裂的情況，何況它們多刺的葉片也不適宜經常換盆，因此最好以「換一次盆3年不必動它」為原則，選用較大的盆子，預留之後的生長空間。關於使用的介質，最好三分之一以上是排水良好的土壤，再混以多孔

x Dyckcohnia Conrad Morton是少見的異屬雜交種，為硬葉鳳梨*D. macedoi* 與德氏鳳梨*Deuterocohnia meziana*交配育成，葉片上的白紋相當有特色，本種雖然是異屬雜交的植物，但依然具有稔性，可以再繼續育種。

D. marnier-lapostollei var. *estevesii*是硬葉鳳梨屬中最美也是最常見的原種之變種，葉緣銳齒不像基本種那般彎曲，而是往兩側延伸得比基本種還要長，舊葉的鱗片比較容易脫落，澆水時要注意，也要避免暴雨沖刷。

圖為有名的交配種 *D. Brittle Star* 的後代，在暗色葉片的葉緣及刺上披著一層宛若糖霜的鱗粉，如工藝品般美麗。

D. Diamond Crown 是 *D.* Brittle Star 的後代中最銀白的個體之一，銀色的葉片及葉型像是雪花結晶一般。

D. dawsonii 是美麗的原種，曾多次被拿來育種，目前園藝界流通的同名原種很多是以他種頂替的，外觀和本圖中的植物有很大差異。

性的蘭石或珍珠石等石礫，以及類似碎樹皮或蛇木屑等有機質。在介質變乾後的隔天澆水，植株多半可以長得比靠天喝水要健康。

這屬有不少種類葉片具有特殊的色彩，它們在日夜溫差較大或光線極度曝曬之下，較容易顯現；如果是陰雨天或夜溫很高的季節，色彩多半較不明顯。

D. Yellow Glow 是硬葉鳳梨中唯一有黃色葉片的園藝種，這豔麗的黃色只有在植物受到強烈陽光照射以及遭遇極端氣候（像是乾熱或低於12度以下的冬季等）才會發色，夏季高溫多濕的季節給予強光，植株會努力生長而呈現較綠的狀態。

銀葉鳳梨

Hechtia

銀葉鳳梨和硬葉鳳梨外觀接近，但是不同屬。銀葉鳳梨大多產在中美洲的乾旱地區，幾乎就是替代硬葉鳳梨在中美洲的生態位置。這屬至今還有很多種類尚

未被分類、命名，也不像硬葉鳳梨有許多園藝種，多半還是自野外採集或再繁殖的原種。

不少有美麗葉子的原種，在野外長於高海拔的岩壁上，一旦移植到高夜溫的平地或光照不很充足的環境，葉色往往逐漸變得不明顯。不少栽培種在冬季低溫時給予強光，可以顯露出原產地的真實色調。

銀葉鳳梨的管理方式和硬葉鳳梨一樣，只是要注意它的刺比硬葉鳳梨的還要銳利，多半具有魚鉤般的彎鉤，算是一種具有危險性的植物，因此一定要慎選擺設的位置。

部分銀葉鳳梨的葉緣，在乾燥與強光和日夜溫差大等條件下會出現紅斑，這種狀態在墨西哥原生地經常可見，但在人工栽培環境下不容易發生。

銀葉鳳梨的刺不但銳利，多數還具有側彎的鉤，照料時要特別小心。

德氏鳳梨

Deuterocohnia

德氏鳳梨和硬葉鳳梨一樣，產在南美洲的內陸，多數來自玻利維亞的高地，但植株的外觀和硬葉鳳梨有很大差距。它們多半不是以單芽的蓮座型生長，而是採取多芽的群生方式，形成一個聚合體。在野外，德氏鳳梨形成一個巨大的群落，宛如一塊珊瑚礁，由於葉片尖端有刺，往往成為一些弱小動物的避難所，即使想靠人力挖掘，也難以辦到。

在很多盆栽愛好者眼中，德氏鳳梨是不錯的盆景素材，就像是在花盆中培養一個珊瑚礁。德氏鳳梨形成群落後，若在夏季遇到高溫（特別是高夜溫），群落內部比較不通風的芽體會有葉片變黃，甚至枯死的情形。因此在高溫的季節，最好將盆栽移到通風處，或是像照顧銀葉系空氣鳳梨那般，加

德氏鳳梨由於多是芽點群聚，因此呈現出球型外觀。

D. brevifolia ssp. *chlorantha*。數大便是美，這類排列成堆的德氏鳳梨是國外鳳梨展上的常勝軍，幾乎呈現了盆景的氣勢。

裝風扇，以避免群落內部的芽體受到高溫或長期潮濕的影響，其他照顧方式和硬葉鳳梨的管理相仿。

雖然這類鳳梨是以群落型態生長，但這並不表示芽點剪下來就可以輕鬆繁殖，事實上發根的機率並不是很高。如果要分盆，一定要往群落基部去剪取已經發根且深入土層的芽體。德氏鳳梨是生長緩慢的物種，在展覽場見到的已形成聚落的植株，是栽培者投注大量精力與時間換取的。

普亞鳳梨
Puya

普亞鳳梨也和德氏鳳梨、硬葉鳳梨一樣，是生長於南美洲內陸乾旱區的地生鳳梨，它們分布於哥倫比亞至智利的安地斯山高海拔寒漠，世界上花序最大的植物就是產在玻利維亞與智利北部的巨型普亞鳳梨 *P. raimondii*。但是可以健

兩種最容易在台灣平地栽植的普亞鳳梨，左是 *P. mirabilis*，右是 *P. lanata*。

野地裡，乾旱石頭上的普亞鳳梨。

康生長在人為環境的種類並不多，至今大約只有10種不到的原種被栽培。多數高海拔的原種，只能培養在比較乾爽且終年夜溫較低的地中海氣候區。

　　普亞鳳梨的花朵相當大，有時讓人以為是某種球根花卉，開完花後結出相當大的蒴果。一些適應台灣平地的簡單種類，其管理法也和硬葉鳳梨相似，不需費心照顧。

普亞鳳梨大多生長在乾冷的高山地區，*P. weberbaueri*是少數長於潮濕的雲霧林中較明亮環境的種類之一，此為馬丘比丘遺蹟上的植株。

皮氏鳳梨
Pitcairnia

初次見到皮氏鳳梨的人多半會驚訝這也是鳳梨，因為皮氏鳳梨的外觀實在不像一般觀賞鳳梨所具有的特徵，看起來像是颱風草或某些地生蘭的葉子，而且葉序排列也不像一般鳳梨蓮座型。或許是這原因，這鳳梨科的第二大屬（最大屬是空氣鳳梨）至今只有少數幾種被人為栽植為園藝觀賞的種類。

P. Beaujolais 是皮氏鳳梨中少有的交配種之一，紅色的花序在這屬中算是比較顯眼的。

P. sanguinea是這屬中最常被栽植為觀賞植物的原種，其葉片特殊的紅色及寬廣的葉面，常讓許多栽培者誤解，而不知它也是一種鳳梨科植物。

P. flammea是生長勢強且容易開花的低矮原種，在一些國家已被栽植為盆花植物或日陰花園的地被植物。

皮氏鳳梨在南美洲原生地多是生長在林下。

皮氏鳳梨廣泛分布於中南美洲潮濕的森林底層，在一些乾季會落葉的熱帶季風林裡，可以看到少部分種類跟著落葉，直到雨季再自地下抽出新葉，不過多數種類還是常綠性的。

皮氏鳳梨不具有任何積水的構造，都是從發達的根部吸收水分，因此要採取移植一般草花的方式，馬上栽植於盆中，並且給予適當的水分，不然它們極容易因為脫水而死去。多數園藝種類不至於太難種植，採取粗肋草或白鶴芋的方式即可栽植得不錯。部分來自安地斯山高地雲霧林的種類，因為具有美麗的花朵而有很高的觀賞價值。但是這類原生種多半和其他來自熱帶高地的植物一樣，在高溫的夏季需要特別的降溫設施。

Encholirium

這屬是生長在巴西東北部熱帶乾季風林（在當地稱之為 *Caatinga*）的硬葉鳳梨亞科的植物。和其他來自巴西高原內陸的硬葉鳳梨不同的是，這裡多的是岩石山，許多 *Encholirium* 將根扎入岩石的裂縫中。在雨量比巴西高原充沛的雨季，這些鳳梨快樂地吸收水分成長，但是到了近半年的乾旱時段，悲慘的日子便宣告來到。又乾又熱的氣候像是烤箱，鳳梨們只能靠這些扎入岩縫中的根保存僅有的生命，並期待下一次的降雨。其實這裡的氣候和泰國東北部、印度及澳洲北部相似，並非真正的乾旱地，只是降雨非常不均，因此植物必須演化並適應這裡的氣候。

在人工栽培時，可以發現這屬的鳳梨外觀雖然多刺，如一般的沙漠型鳳梨，但葉表的質地其實很薄，因此應經常澆水。但是介質混入大量石材以期排水良好，這點又有點近似多數岩生性的拖鞋蘭管理方式。有別於自然環境

的乾溼季變化，人工栽培時，如果可以繼續澆水，*Encholirium*可以更快樂地成長，不會因為沒有模擬乾季而有生長障礙。但是冬季氣候過於嚴寒時，需要適當的節水以避免凍傷，畢竟原生地的自然環境沒有過於嚴寒的季節。不少精於栽植硬葉鳳梨*Dyckia*的人對這屬竟然如此不耐旱感到驚訝，若是採用一般硬葉鳳梨的澆水方式，*Encholirium*多半會被養得面黃肌瘦。除了水分供應上的差異外，其他日照、通風等條件多和一般來自乾旱地的鳳梨相同。

*Encholirium horridum*是*Encholirium*屬中最常被栽培為觀賞植物的明星，葉片像噴泉般自中心輻射出再往內反捲，是許多沙漠鳳梨愛好者的蒐集品項。

像其他許多擁有龐大成員的植物家族一樣，觀賞鳳梨種類龐雜且生態環境各異，若只是以屬來分類，無法將它們栽培得很好，許多具有共同原則的種類之間還是有些許的例外，特別是那些來自野外的原生種。人為雜交的園藝種因大多在人為環境下育種及培養，栽培在家中時比較容易掌握。

由於鳳梨科植物多半對重金屬敏感，因此使用任何化學殺菌劑時要特別小心，要避免含銅的殺菌劑，否則噴灑後植株心部會開始腐爛。如果其他同居植物需要噴灑殺菌劑，要將它們移走，或選擇其他有相同防治效果、但不含重金屬成分的殺菌劑。

栽種積水鳳梨時，不少人對積水可能滋生蚊子感到憂心。實際上是有這種可能的，就看栽培者如何管理。大部分栽植在強光下的小型種，在陽光照射下水溫升高、水量降低，不致成為蚊子選擇產卵的目標。不過由於多數的孑孓以水中的腐植質為食，如果積水中還有

腐爛的葉子，會是牠們最佳的繁殖場所。有些栽種在強光下的積水鳳梨，心部長滿了綠色絲藻，這時反倒不需擔心會長子了，因為那不是蚊子喜愛的環境。

但是栽植在日陰處且體積龐大的鸚哥鳳梨則可能導致蚊子滋生，最好的方式是每週一次大清掃，在週末時讓積水鳳梨傾倒一晚，隔天以強水柱噴洗心部，這對生長週期超過一週的蚊子是不錯的撲滅方式。其實這種方法更大的好處是：讓在高溫夏季生長衰弱的觀葉類鸚哥鳳梨能保持積水處的清潔，防止爛心。

如果實際栽種數量超過每週清潔工作所能負荷的狀態，還有個方式，即定期噴灑撲滅松或馬拉松等藥劑，這樣做也可以防治蚊子滋生。不要使用任何破壞環境的農藥，那些也可能對鳳梨造成藥害。

外型怪異的 *Encholirium* 屬之原種，葉片往兩側垂下，目前還未知其種名。

專門蒐集 *Encholirium* 屬之愛好者的珍藏。

第五章
天南星科

火鶴花、蔓綠絨、蓬萊
蕉、美洲的天南星（白
鶴芋、黛粉葉、合果
芋）、觀音蓮、芋、粗
肋草、春雪芋、亞洲的
蔓藤天南星、魔芋、天
南星、水生天南星、水
椒草、芭蕉草、水榕、
非洲的天南星。

第五章 天南星科

火鶴花、蔓綠絨、蓬萊蕉、美洲的天南星（白鶴芋、黛粉葉、合果芋）、觀音蓮、芋、粗肋草、春雪芋、亞洲的蔓藤天南星、魔芋、天南星、水生天南星、水椒草、芭蕉草、水榕、非洲的天南星。

天南星科是單子葉植物中，葉片造型變化最多的成員，觀葉植物中天南星科佔了極大比例，在我們日常生活裡隨處可見，在商業繁殖的苗圃，是室內盆栽植物最重要的項目，幾乎是個討論不完的課題。國外許多熱中收集熱帶植物的植物園，有不少即以蒐集天南星科為目標；更有眾多熱帶植物迷對天南星變化多端的葉子深深着迷。

火鶴花
Anthurium (花燭屬)

火鶴花是近年來台灣出口的切花中，相當重要的種類，但由於火鶴花的切花對穿孔線蟲及疫病的抵抗力極弱，農業部門嚴格控管火鶴花

新種的引進，因此台灣出現的火鶴花大概就是常見的那幾種盆花和切花種類。實際上，火鶴花成員皆為花燭屬，該屬擁有天南星科中最多的成員，外型的變化幾乎可以媲美雙子葉植物的秋海棠。目前已有許多商業苗圃致力於這些外型變化多端的原生種的交配育種。

不少人認為火鶴花指的就是紅色切花種類，

產於墨西哥南部森林中的花燭原種 *A. clarinervium* 之白斑的葉藝種。

產於厄瓜多森林中，某種具有巨大懸垂葉片的花燭。

產於厄瓜多森林的 *A. marmoratum*，是龐大的族群，有許多近似又有少許差距的變異，分類上還有很多問題。圖中是一種巨大的種類，葉片可超過一個人高。

其實不然，花燭屬中的觀葉類，花朵雖然不是很美，但葉子卻相當特殊。此屬包括七百多個原生種，但只有兩個原生種的佛焰苞是紅色的，其他都是不起眼的白色或綠色，甚至是褐色。今日能看到這樣多彩多姿的花朵，都是育種家近幾十年來努力的成果。

早期的育種以切花為主，近年來已改以盆花為主，育種方向是將已有美麗大花的切花種與其他近緣的小型種雜交，因此現在可以見到許多有著美麗花朵的小型盆栽火鶴花。另外極易引人注目的是屬於水晶花燭的族群，這類植物葉片的特徵是暗綠色絲絨般的表面有銀色反光的葉脈，強烈的色彩對比，讓人印象深刻。有一段時期，可以在市場上見到這類花燭屬的部分原生種，但更常見的是經過複雜不可考的雜交育出的品系。

東南亞在全球泡沫經濟時期，曾出現一段鳥巢花燭的黃金時期。鳥巢花燭有類似山蘇花、

*A. warocqueanum*有「火鶴之后」美名，具有眾所矚目的葉片，比較喜歡冷涼的氣候，在夏天高溫期需注意高溫及乾燥。

花燭原種 *A. eminens*，植株與葉片安排方式都和鵝掌藤極為類似。

產於哥斯大黎加的花燭原種 *A. spectabile*是大型的懸垂葉片種，成株的葉片可接近兩公尺半，需要有足夠的空間。

觀賞鳳梨的蓮座造型，在雨林中，它們都會收集自上方樹木飄落的葉片，做為成長所需的營養源。鳥巢花燭的原

有紅苞芋之稱的*A. scherzerianum*，是早期引入台灣的重要盆花，近年來已相當罕見。

來自安地斯山高地，已列為瀕臨滅絕的原種*A. cutucuense*，也需要降溫設施或在高地栽培，才能越夏。

水晶花燭 *A. crystallinum*的嚴選個體，具有很寬的銀色葉脈。

葉面具有浮雕一般凹凸的原種 *A. luxurians* ，葉片很厚，宛如塑膠，成長非常緩慢。

園藝交配種*A. radicans x dresslerii*是葉表凹凸的系統中比較常見且容易培養的美麗盆栽。

來自安地斯山高地的*A. corrugatum*，在高溫的夏季芽點易萎縮，需注意溫度調節。

各種鳥巢花燭的交配種，這類的原種多已不可考，由於親本多來自加勒比海沿岸及南美北部的低海拔地區，因此適合高溫的熱帶培育。

在東南亞也很受歡迎的鳥巢花燭原種*A. superbum*，植株可以長得很巨大。

也是鳥巢花燭的原種*A. willifordii*，葉兩面皆是絲絨般的質地，是稀有的原種。

葉片像是雪花結晶造型的原種 *A. clavigerum*，喜歡高溫，很容易栽植。

少數容易自花授粉結實的漂帶花燭*A. vittariifolium*，在台灣是比較容易見到的種類。

原種 *A. forgetii*（圖左）與和水晶花燭 *A. crystallinum*的雜交園藝種，外觀雖相似，但還是有不少差異。雜交種雖然像親本一樣為盾狀葉，但葉脈卻增加許多。

生種大多來自南美洲北部，在荷蘭統治印尼的時期，由當時也是荷蘭殖民地的蘇利南，及其他加勒比海島嶼引進，經過長時期未經記載的雜交，產生了許多外型變異的種類。雖然它們和南美洲的原生種有很大差異，但還是有很多人誤以為它們是原生種，甚至有些植株的價格在最狂熱期可以買下一部日系房車。如同所有曾經被商業炒作的園藝植物一樣，花燭多的是像白頭宮女話當年的傳奇與讓人一夜致富的故事。其實被導入育種行列的原生種只是一小部分，至今，歐美和東南亞的一些國家持續在育種中，相信不久會有更多特異的花燭出現。

雖然花燭屬的外型難以簡短的幾句話說盡，但栽培方式卻有許多的共同點，不像家族成員複雜的秋海棠或薑科植物，必須詳記每個族群不同的栽培細節。花燭屬雖然成員眾多，且來自幅員廣大的中南美洲，但絕大多數是附生在樹幹上的著生種，只有少部分長在石壁或森林中布滿落葉的林床上。多數原生種分布

容易結實適宜觀果的原種 *A. gracile*，種在吊盆中可以欣賞其
結實纍纍的景象。

享有「火鶴之王」稱號的
A.veitchii，葉面凹凸不平像
洗衣板似地。

於墨西哥南部至祕魯的狹長山脈，以及委瑞內拉往東至巴西東南部的雨林和亞馬遜盆地的潮濕森林，但是最多樣性的物種分布在安地斯山東側。一般而言，海拔1200百公尺以下森林產的原生種，多半很好栽培，但產在哥倫比亞至祕魯這段安地斯山1500公尺以上的高地種，則畏懼夏季高夜溫的環境。若是沒有降溫設施，這些高地種會在夏季落葉，運氣好的在秋季從殘存於介質中的剩餘莖幹冒出新芽，但大多數脆弱的原生種則直接死去。目前多數園藝種還是以低地的原生種為主。

花燭是對自然環境變化反應較慢的植物，在移植到新環境後，多半有幾個月的時間停止生長，有時甚至長達2年以上。有很大的原因是，花燭的根部已演化成如著生蘭的根那般粗大，這些根多半長得慢但壽命也很長，可以在介質中多年不會腐爛，一旦根部發育回復後，便飛快成長。由於它們有如此特殊的習性，建議在栽植時盡量不要騷擾根部，因此最好採用比較持久不易腐爛的介質，如樹皮、蘭石等，水苔或椰子殼等材料易腐爛，不宜當作恆久性的介質，只能暫時用作虛弱植株根部稀少時的催根用途。

很多人因為不明瞭

火鶴花 *A. andreanum* 與火鶴之王 *A. veitchii* 的交配種，具有兩親本的重要特徵。

花燭這種慢郎中的怪脾氣，買回家後見它長得慢，甚至不長新葉，誤認為肥料不足而猛澆肥，事實上花燭和很多著生植物一樣，對肥料的需求不是很高，在根部尚在適應的階段施以重肥是很危險的事。施肥前，要先確認植物是在生長時期。除了少數種類的花燭是蔓性種外，多數都是短莖的型態，根部從脫落葉柄後的莖部長出，纏住樹幹，以穩定植株，因此種了一段時間之後，生長點會因為莖部的長高而提高，不斷自脫落葉柄處生出更多的根部。

起初這些離開介質面的根部能輕易鑽入介質中，但是隨著高度越來越高，根部因環境的濕度不足，而在鑽入介質前停在半空中，這時就要作一番處理。如果你想繁殖更多植株，這是個好時機，將植株自發根處剪下，將生長點連葉子移至另一個盆子培養，留下的莖幹會發育成另一株。如果你希望植株長得更大，或希望它可以成熟、開花，那就需要添加介質。去

找六角孔的雞網（鐵絲或塑膠的都可以），依據植株的高度剪裁長度，寬度以盆子的圓周為準，剪好之後圍住盆子，用鐵絲固定，也就是用雞網圍住植株的基部，但是不要圍住生長點，因為葉柄將會拉長出來；圍住後，添加混合樹皮及蘭石的介質，覆蓋新根冒出的位置，不要蓋太深，否則基部不透氣會有腐爛的危險。

至於蔓生性的花燭，可以採取立支柱的管理模式。一般人對葉片懸垂的植物，多半採取吊盆的方式培育，確實有不少人採用這種方式來栽培中小型種類，但是不少大型的垂葉種，無法只用吊盆來支撐。它們的一片葉子往往超過3公尺，幾片葉子加在一起便很重，建議此時採用堅固的水泥柱，將盆栽擺在上頭，讓葉片垂下來，這是比較穩定且合理的方式。

蔓綠絨

Philodendron

蔓綠絨和火鶴花（花燭）一樣，也是產在中南美洲雨林的天南星科植物，兩者除了生活環境相近外，也都具有龐大的家族成員（蔓綠絨是該科中的第二大屬），外觀類似，有些種類讓人無法分辨誰是誰，很多人依據自身的經驗認定蔓性攀爬的是蔓綠絨，走莖短短的是花燭。其實蔓綠絨屬中也有走莖短短的種類，甚至有模仿山蘇花的鳥巢型種類。而花燭屬也有蔓生攀爬在樹幹上的種類。

花燭屬特有的外觀是植株一般多呈革質狀，在葉柄與葉面交接處多半有個像是關節般腫大的葉枕，根部如著生蘭般粗大。而蔓綠絨的植株一般多是比較柔軟的紙質，不像花燭屬那般硬脆，根部也是纖細狀，和其他天南星科植物沒有太大差異。此外，蔓綠絨的體液有一

葉形巨大，酷似天使蔓綠絨的蔓綠絨原種 *P. warszewiczii*，是巨大的蔓藤植物，不像直立生長的天使蔓綠絨，需要強光與大的空間。

自中美洲高地分布至南美安地斯山的蔓綠絨原種 *P. verrucosum*，葉片色彩之華麗，是這屬中少有的，葉柄具有特別的細毛，相當吸引人。

分布在巴西，喜歡強光的蔓綠絨原種 *P. billietiae*，強光下葉柄會呈現艷麗的橘色。

分布於安地斯山的蔓綠絨原種 *P. tenue*，葉面凹凸像是洗衣板，和火鶴之王有異曲同工之妙。

地生但不會攀爬的蔓綠絨原種 *P. gloriosum*，葉片像是水晶花燭般的花紋，葉面也是絨質，適合作為花園的覆地植物。

幼葉色彩艷麗的蔓綠絨原種 *P. sodiroi*，成株葉色和幼年期差距甚大。

種很特殊的氣味，只要用手摘取一小部分葉片即可聞到，而這是花燭屬所沒有的。整體而言，花燭屬有很大一部分是生活在高地雲霧林的種類，而蔓綠絨分布在低地雨林的比率較

高，因此在台灣，多數蔓綠絨幾乎可以毫不困難地栽培於市區，不過還是有少數高地種和花燭屬一樣畏懼夏季的高夜溫。

蔓綠絨屬中，多數種類具有蔓生的莖，少部分即使不是蔓生，也是有挺立的莖。生長初期的葉片和成熟株的葉片有很大的差異，這使得一些種類在野外初次被發現時，同一原生種因幼年葉與成熟葉的不同被登錄為不同種，造成

分類上的混亂，許多以往大家經常使用的名字都被更改，甚至有更改多次的奇特狀況。

蔓綠絨在幼年葉的階段相當容易以扦插的方式繁殖，這階段莖部所發出的根會深入土層中吸收養分；一旦植株長出成熟葉，從葉腋下方長出的根會變成只具有黏在樹幹用途的吸附根，如果此時不明就理地將它剪取下來扦插，植株多半會因此死去，因為成熟葉階段的吸附

葉面絨質的大型蔓性蔓綠絨原種 *P. gigas*，圖為幼葉，成株的葉片則巨大到讓人無法想像。

植株像是蘭花一般的 *P. loefgrenii*，若不仔細看也很容易和火鶴混淆，葉面有很粗糙的脈紋。

蔓綠絨的一種，葉片為線型的下垂狀，中肋粉紅色，葉面革質宛如犀牛皮一般粗糙，是生長緩慢的種類。

氣泡蔓綠絨 *P. cannifolium* 的葉柄膨脹如布袋蓮，曾經是花卉市場的常客，現在已很少見。

根無法轉變成能吸收水分的一般根系。因此，在家中如果要移植已是成熟葉的植株，一定要小心搬運，盡量不要傷到既有的根系。

　　蔓綠絨在幼年葉階段多半對環境變化具有較大的適應力，一旦發育到成熟葉，往往變得無法適應環境的劇烈變化，最明顯的是高地性蔓綠絨，它多半以幼年期葉出現於一般家居環境，已適應高溫環境，有時在冬季低溫期長出成熟葉，進而在春季開花，但是當夏季溫度回升，多半會再度轉換為幼葉，以度過逆境。

　　蔓綠絨在原生地大多

蔓綠絨原種*P. goeldii*，葉型像是魔芋或天南星，在這屬中相當罕見。

園藝交配種的特殊斑葉個體，色彩艷麗但很罕見。

是在地面上發芽後再攀爬到樹幹上，因此它的根系演化成兩種型態，一是在地中負責吸收養分的普通根系，一是攀附在樹上的吸附根。即便是鳥巢型的種類，也多是直接長在林床的腐植土上，更有部分蔓綠絨終其一生都長在地面上。所以家中栽培蔓綠絨所適用的介質，以腐植質混入泥土的介質為佳，如果是採用火鶴花用的無土的著生材料，那多半會因為缺肥而成長呆滯。

多數蔓生的種類於園藝栽培時，是在盆子中間立一根蛇木柱讓它攀附，但在蛇木越來越稀少的今日，可以採用其他替代方式。許多人以捆上椰子殼的木棍培植；也有人用硬質塑膠水管，以鐵絲捆上兩層遮光網，使用的時間比

蔓綠絨在原生地除了攀附在樹幹上，也會生長在土坡的斜面，圖為兩種不同葉形的成熟葉（三叉葉）與幼葉的差異。

原產於厄瓜多雨林的蔓綠絨原種 *P. elegans*，類似的蔓性種很多，很難判別異同。

椰子殼木棒還久。一些來自高地雲霧林的種類可能無法接受這種材料，可以自己用六角型雞網圍成一個圓柱體，裡面填滿水苔，即成為一根水苔棒，能讓喜歡接觸苔蘚介面的高地種在裡頭發根。

蓬萊蕉
Monstera

　　蓬萊蕉有很多別稱，像是龜貝芋或電信蘭等，這屬的成員不像前面兩屬那般多，因此提到這屬，多數人馬上會想到這屬植物的葉面有很多孔洞。確實這屬很多成員葉面不是裂開，就是有穿孔，甚至兩者皆有。

　　蓬萊蕉早期引進台灣時，只有大型種，但後來因為商業性切葉栽培

為小龜背芋 *M. pertusa* 之斑葉園藝種，葉斑比較不穩定。

需要成長快速的種類，小龜背芋成為被廣為商業栽培的一種，大型蓬萊蕉反而只能在一些舊民宅才看得到。大型的

植株大型的蓬萊蕉 *M. deliciosa* 之斑葉園藝種。

大型的穿孔藤 *Monstera* sp. 植株巨大，需要很大的空間蔓爬。

蓬萊蕉原種 *M. dubia* 的美麗幼葉，成株葉片會變成穿孔藤一般的造型。

蓬萊蕉屬各種不同的葉形。

蓬萊蕉開花時如果有昆蟲授粉（不像多數天南星科植物需要等待別株一起開花，它可以自交結果），大約要一年的時間果實才會成熟，果實可以食用，味道像是鳳梨加上香蕉的味道。大型的蓬萊蕉原產於中美洲的山區，在台灣山區可以適應1000公尺左右的寒冬，即使遇到降霜也不會有傷害。

蓬萊蕉和蔓綠絨有著近似的生長過程，種子發芽後的幼年葉和成熟株的葉片有很大差異，很多種類的蓬萊蕉和東南亞雨林中的針房藤，生態極為類似，幼年期的葉片幾乎都黏附在樹幹上，成株時的葉片也多為裂開性，因此常被混淆在一起。此外，不同階段的葉片差異性也很大，不少植物園或植物收集者對這些種類的辨識感到頭痛，也因此有部分種類的學名經常在更換。

栽培蓬萊蕉屬與針房藤這類幼年期吸附性葉片的天南星科植物，必須注意它們需要一個垂直的介面，才能在上面生長，如果讓藤蔓任意懸垂或置於水平面，枝條就會到處延伸，試圖找尋可以往上攀附的介面，而在沒找到可以固定的居所時，葉片距離會很長，不會像在樹幹上那般重疊，具有屋瓦般的美感。所以栽培時，要準備可攀附的介面，並且固定枝條，不要讓它四處搖晃。

此外，蓬萊蕉也和蔓綠絨一樣，是由地面長到樹上，因此介質要加入一定比例的泥土，基本上可以參考蔓綠絨的栽培方式，算是容易種的觀葉植物。

美洲的天南星

白鶴芋、合果芋與黛粉葉是熱帶美洲產的天南星科中，最早被育種並且引入商業繁殖供作室內觀葉植物的三個屬。由於育種選拔的歷史已經久遠，今日想在一般種苗園找到原生種幾乎不可能，且一直有新的園藝種推出，許多有些年份的過時園藝種也像過期商品一樣不太容易看到，只有去一些經營有年的花圃床架下才有機會覓得。

*Chlorospatha kolbii*是產於安地斯山東側少見的地生植物，葉型與葉片上的斑點極具觀賞價值。

Spathicarpa sagittifolia，植株和白鶴芋類似，但花序型態截然不同，花朵和佛焰苞緊貼在一塊，很容易引誘蒼蠅。

*Ulearum donburnsii*產於厄瓜多的雨林，花型特殊且葉片色彩奇特，需要很高的空氣溼度，適合栽培在玻璃花房。

此為白鶴芋原種*S. floribundum*的園藝選別種，葉片上有一道白色的中肋。

白鶴芋原種*S. cannaefolium*已極少見，花朵很香，只是開花性並不好，少人栽植。

　　白鶴芋*Spathiphyllum*：是觀葉植物中最耐陰的，能和它相提並論的可能只有粗肋草。白鶴芋對水分的需求頗高，如果在生長期間常常因為過於乾旱而導致葉片下垂，那生長勢必定會受阻，如果沒忘記澆水卻常有這種情況發生，不妨檢查一下盆子是否太小或植株是否長得過高，自莖幹新生的根系無法接觸到介質，果真如此，就要換大盆子，將植株種深一點。

　　黛粉葉*Dieffenbachia*：外觀在室內觀葉植物中算是造型很特殊的，似乎只有它擁有大葉子和高度適中的莖幹，是室內造景中不可或缺的成員。幾年前室內觀葉植物風行時，出現許多

葉呈暗綠色，中肋為白色的黛粉葉園藝種。交配種多在上個世紀於歐美國家育出，因此今日要在市場上找原種反而異常困難。

市面常見之商業化繁殖的合果芋 *S. podophyllum* 的園藝種，圖中皆為幼葉狀態的各色園藝種。

咬。此外，黛粉葉也是很容易長高的植物，如果植株越來越高，會導致增高的莖節冒出的根系無法吸收水分，此時需要採取白鶴芋的移盆方式，或是直接剪取上端的枝條重新扦插。

合果芋 *Syngonium*：有其他耐陰性觀葉植物所沒有的多彩葉片，長期以來一直是很受歡迎的室內植物。和前面兩種盆栽不太一樣，它算是攀爬的蔓藤植物，和蔓綠絨一樣具有差異明顯的幼葉及成熟葉。然而市面上多是以小型盆栽的型態出售，很多人無法想像它長大後會變成另一種型態的蔓藤，但枝條不像蔓綠絨及蓬萊蕉那般優雅。多數人看到合果芋轉變為成熟葉後多半無法接受，因為原本多彩的葉色完全變了樣。因此筆者建議植株栽培一陣子後，如果葉柄間的距離有拉長的現象，不妨直接將生長點剪去，讓它自基部再冒新芽，如此就能保持

黛粉葉的新品系，但是近年來不像粗肋草那樣有許多新款式，所以市場上的銷售較停頓。黛粉葉的耐陰性不如白鶴芋和粗肋草，如果擺在室內要接近窗口處，放在較陰暗的環境容易有葉色變淡、葉柄徒長的情況，萬一發生這種情況，要將它移動到明亮處。值得注意的是，植株具有毒性，擺在室內時要防止幼兒及寵物啃

葉面絨質，葉脈有銀斑的合果芋園藝種。

觀音蓮
Alocasia

　　觀音蓮應是熱帶亞洲雨林中，少數具有美麗葉片，並足以和熱帶美洲的火鶴花及蔓綠絨相媲美的天南星科植物。十幾年前，觀音蓮屬大概只有少數幾個園藝種被栽培作觀葉植物，但之後有不少婆羅洲及菲律賓的美麗原生種發表，掀起新的一股收集熱潮。

　　新葉還是豔麗的顏色。一般剪去生長點後，會有不少新芽自基部長出，如果太過擁擠，可以將部分剪下來另外扦插，以維持植株的美觀。

　　觀音蓮依據其生態

廣泛分布於馬來半島、蘇門答臘及婆羅洲的觀音蓮原種 *A. longiloba*，在野外具有許多地域變異種，是經常作為園藝栽培的原種。

產於婆羅洲西部石灰岩森林中的觀音蓮原種 *A. reversa*，植株低矮易栽植。

產於菲律賓的觀音蓮原種 *A. sinuata*，葉片具有浮雕般的凹凸葉面，已被商業化栽植。

觀音蓮原種 *A. zebrina*的葉面有格狀脈紋的變種。

葉片宛如魚骨狀的觀音蓮原種 *A. sanderiana*，分布於菲律賓，是花市常見的亞馬遜觀音蓮的親本。

環境可分為兩類，一種是長在山區溼地，類似我們常見的姑婆芋的大型種，另一種是長在石灰岩山壁上的小型種，而許多新發現的美葉種多屬於後者。這兩類的植物由於來自不同的環境，因此所需的栽培條件差異頗大。

小型石灰岩種原生於長滿樹林的石灰岩壁裂縫中，喜歡半陰的環境，其生長環境的泥土非常有限，即便經常下雨，雨一停很快就乾

分布於新幾內亞山區的觀音蓮原種 *A. lauterbachiana*，也是大量商業繁殖的種類。

產於新幾內亞的觀音蓮原種 *A. brancifolia*，多生長在山區的溪谷岩壁，葉片近乎全裂。

產於菲律賓的某種觀音蓮，葉片比觀音蓮原種 *A. sanderiana* 還要細，是較新被介紹為園藝栽培的美葉種。

圖左為產於婆羅洲沙巴的觀音蓮原種 *A. cuprea*；右為分布於泰馬邊境森林的觀音蓮原種 *A. perakensis*，葉片銀白色。

了，因此栽培時介質要用排水良好的，排水不良會導致地下莖腐爛。在原生地因為是長在樹林之下，因此即使植株長高，還會有源源不絕的落葉飄落覆蓋，讓抽長的莖幹可以繼續在落葉層的腐植質中發根生長，直到植株過大且超過岩壁上的土層所能支撐，才會跌落至下方。

分布於婆羅洲的觀音蓮原種*A. nebula*，圖為成熟葉，幼葉呈盾狀，一度為園藝店常見的種類，但對環境有一定的需求而不易長期維持，目前已經少見。

觀音蓮*A. macrorhizos*的斑葉園藝種「新幾內亞黃金」，生長勢強健，喜歡全日照。

分布於緬甸南部巨大的某種觀音蓮，長於森林中有光線照射的明亮潮濕環境。

但即便如此，跌落下方的莖幹還會繼續生長，而岩縫中遺留的走莖或子芋也會繼續生長。但是在家中，植株越長越高，新長出的根系如果沒有深入介質，植株會逐漸弱化，居家環境沒有可以一直添加的落葉，頂多只可換大一點的盆子。當盆子越換越大，植株芽點越來越多時，建議施行分株，因為過大的盆子會導致盆中的介質排水不良，甚至使整個植株腐爛。

觀音蓮的根系算是短命型，和花燭那種長命的根系、不喜歡人去騷擾的性格，截然不同。觀音蓮需要常換盆子並更換土壤，太久沒換反而會讓植株逐漸萎靡，基本上最好每年換一次介質。小型種換介質的時間，以冬季結束或開完花要開始新的生長週期為佳，換土時要將伸長的莖節埋入土中，好讓新的根系可吸收養分，才能長得好。

大型種觀音蓮的生態習性則截然不同。許多大型種被栽植於花

園中，是因為它們有巨大的葉片，如果住家空間不大，建議不要種大型種。它們如果種在盆子中，只會保持小株幼葉的狀態，不會長出巨大的成熟葉。大型種需要比較充足的陽光，喜歡潮濕的土壤，不像小型種那樣需要排水好的環境。如果要在盆中培養，建議下面墊個水盤，因為大葉片水分蒸散得快，需要一直補充水分。大型種也需要充足的養分供應，總而言之，是需要消耗大量養分、水分及陽光的植物，這是必須注意的。此外，大型種不像小型種容易長側芽，它們大多利用既有的粗狀莖部生長，有時會長得像一株巨大的香蕉。颱風季節時要注意避風，最好將葉片捲好綁在一起，避免葉面遭強風損壞。

芋

這裡提的芋，包含我們食用的芋頭，以及千年芋*Xanthosoma*、彩葉芋*Caladium*等。芋屬*Colocasia*和千年芋屬分別是熱帶亞洲、熱帶美洲重要的糧食作物，擁有彩色葉片的彩葉芋只有觀賞價值，無法食用。這些芋類每天需要接受陽光照射，如果只是明亮的日陰，那沒多久就會有葉柄拉長的現象發生，最後導致植株倒伏，因此家中的陽光如果不足，在購入這類植物前要詳加考慮。

這類家族的成員大多產在亞熱帶和熱帶季風氣候區的疏林地帶，很少長在密林環境，多在雨季成長，接受光合作用後把澱粉儲存於地下的塊莖，利用它度過缺水的休眠期。如果在人為栽培環境下，整年都

葉片顏色會因季節溫度改變的園藝種*C. esculenta* var. *antiquorum* Illustris。

葉片中央有白色斑塊的園藝種*Colocasia esculenta* Nancy's Revenge。

岩芋*Remusatia pumila*是岩芋屬中植株比較低矮的。

千年芋*Xanthosoma* Lime Zinger的黃葉園藝種，和其他暗色系的觀賞芋搭配非常搶眼。

給予充足的水分，那麼植株就不休眠。常綠的先決條件是在冬季氣溫降低的區域，維持適當的高溫；若只是澆水不保溫，植株在溫度不足時葉柄會變短，由外觀看來像是變小了。由於這類植物多半喜歡潮濕泥濘的環境，可以在盆底墊上積水的水盤。

芋屬中有許多園藝種是在美國選別的，因此在同是亞熱帶的台灣可以顯現出它們美麗的葉色，但若移到終年高溫的熱帶低地，顏色的對比多會大打折扣。

彩葉芋*Caladium*：算是天南星科植物中，葉片色調最豐富的一屬，在粗肋草還沒改良成今日模樣時，彩葉芋大概是這科中最引人注目的焦點，即使和其他開花植物擺在一起，也毫不遜色。

彩葉芋包含十幾個原生種，全產在亞馬遜河流域，但被栽培作為觀賞植物的約只有5種。或許有很多人懷疑，彩葉芋的種類應當很多，因為看起來總是令人眼花撩亂，其實那些多變化的園藝種不是雜交而來的，全是由雙色彩葉芋這單一原生種培育出來。或許這些原生種在野外便有很多不同外觀的個體，早期在美國南部被選別出幾種耐性強且好照顧的園藝種，這些古典種類至今還常可在夏季的花市或民家發現，它們多半擁有豔麗的顏色，但葉形還是和原生種相近，一看就知道這是彩葉芋。

在大約二次世界大戰終戰或再早一點，彩

各種泰國育種的彩葉芋園藝品系。

葉芋的品種改良與收藏風氣悄悄地在泰國興起。或許是因為狂捲世界各洲的戰爭並沒有在泰國留下太多傷痕，戰後各國忙著復原、找尋糧食之際，彩葉芋的品種改良在泰國如火如荼地展開。時至今日，彩葉芋對泰國人來説，宛如古典植物般具有泰國文化的象徵。但或許過

度專精於外形及色彩的改變，泰國彩葉芋對外在環境的變化似乎沒有太大的抵抗力，比一般常見的美國系統嬌貴許多。它們需要溫暖的環境、固定的短日照，以及較高的空氣濕度，照顧這些植物幾乎要以「伺候」二字來形容，因此它們實在不適合沒有閒暇的人。

不管是彩葉芋或其他芋類，都可以採用生長期分株或休眠期結束時分球的方式來繁殖。以分株方式繁殖時，不要選在接近休眠期分株，因為如果分出的新芽點太小，一旦斷水進入休眠期，小球將無法度過惡劣的環境。分株的小芽最好維持整年潮濕的環境，直到塊莖養到適當大小再讓它們休眠。一般芋類對環境的要求不是很苛刻，不須像其他休眠性植物那般需要斷水，所以冬季偶爾淋雨也無大礙。但如果要讓嬌弱的泰國彩葉芋休眠，要先確認植株的塊莖夠大，否則還是將它移到溫暖有陽光的環境培育較妥當，或是找個空魚缸以人工照明的方式培養，若任其在戶外越冬，多半會凍死。

粗肋草

Aglaonema

粗肋草算是近十年來觀葉植物中，經由雜交育種成為園藝植物的最成功案例。沒有人可以想像，原先辦公室角落不起眼的耐陰植物，因為幾個原生種的加入，整個屬有了重大的改變。長期以來，粗肋草大多在美國南方溫暖的區域育種，最初多由幾個產在中南半島、強健且耐陰的原生種交配。由於這些早期交配種具有非常強的耐陰性，而且對室內較乾燥的環境也有不錯的適應力，於是躍居為全球重要的觀葉植物。

大約二十年前，印尼有園藝家以蘇門答臘的紅色葉脈原生種，交配其他種類，獲得一些葉色華麗的交配種，但是沒有人知道交配所用的其他親本。因為這位育種者小心翼翼地保護他的珍藏，幾乎足不出

至今尚未命名，只以「金屬色彩」為其個體名的原生種，葉片是很特別的暗綠色。

自野外原生之斑馬粗肋草 *A. nitidum* 中所挑選出葉片具有複雜斑點的個體，目前已被園藝化栽植。

三色迷彩粗肋草 *A. pictum* var. *tricolor* 於蘇門答臘原生地的環境，迷彩的斑紋在野外提供了很棒的隱身庇護效果。

粗肋草原種 *A. cochinchinense* 的斑葉種。葉面斑葉無葉綠素的組織，育種後可讓圓葉粗肋草的紅色素在其上擴散，所以此個體也是日後被廣作為彩葉粗肋草的重要親本。

圓葉粗肋草 *A. rotunda* 產在蘇門答臘的雨林中，具有這屬少有的彩色葉片，也是造就日後改良之彩葉粗肋草最重要的親本，但因性質嬌弱，不易栽植。

戶，對於它們的育種方式也不漏半點口風，讓這些美麗的彩葉粗肋草成為爪哇島上的傳說，引人遐思。

擁有紅色葉脈的圓葉粗肋草，原生於蘇門答臘的赤道雨林，終年處於高溼溫暖的環境，對有乾溼季變化的熱帶季風氣候及較寒冷的亞熱帶環境不具良好的適應性，因此育種初期，對於種源的保存煞費苦心，直到後來泰國專家將這嬌弱的原生種，和適應力強且是同一屬的廣東萬年青 *A. modestum* 雜交，獲得和圓葉粗肋草相近的外觀，但更佳的耐乾性及耐寒性，才真正啟動整個彩葉系統的育種。

圓葉粗肋草最初曾經

各色彩葉粗肋草交配種。

和擁有粉紅葉柄的三色粗肋草雜交，期待交配種有紅色的網紋及粉紅色的葉柄，但是所得的交配種都只有一些模糊的紅色斑塊，或是葉脈上出現細細的紅紋而已，無法和爪哇島上那位園藝先知所育出的華麗交配種相提並論。近十年來，在眾多泰國的育種者努力下，終於發現圓葉粗肋草葉面上的紅網紋如果在雜交時選用葉面有白子斑葉的種類為親本，那葉脈中的紅色素便會像濃縮的染料般在這些白子無葉綠素的細胞中擴散。就這樣十年前在印尼爪哇島之外，培育出第一批全株呈鮮紅色的粗肋草被。當時剛好巧遇汶萊蘇丹的大壽，有馬來西亞的商人以非常高價的金額（三株100萬台幣的天價）購入這批在當時還是非常罕見的紅葉植物作為壽禮，在媒體的炒作下，許多印尼人開始去泰國找這些紅葉植物，一些印尼的權貴也想擁有這種植物，市場就這樣慢慢開啟。

在此同時，許多歐美國家也想以組織培養的方式來繁殖，但是一開始便發現粗肋草的細胞組織和其他天南星科成

員不太一樣。今日看到的天南星科觀葉植物，多數都是以組織培養的方式獲得大量且便宜的價格，但粗肋草的莖幹中有許多共生菌，一旦將優良個體莖幹上的生長點移入無菌的培養瓶中，這些共生菌便會肆無忌憚地破壞粗肋草的生長組織。粗肋草無法以無菌大量繁殖的消息傳出後，粗肋草的價格往上翻騰，成為金主眼中美麗的保值植物；之後粗肋草的市場進入類似台灣以前國蘭炒作的時代，價格貴得嚇人。後來經過一些育種者反覆摸索，以某些固定種為親本雜交，發現這些親本所育出的子代葉片色彩不錯的比例很高，而採用清潔的種子於無菌瓶中發芽並且組培，再將部分組培苗移出瓶外，選出優良個體，就這樣部分美麗的園藝種開始可以大量繁殖，不像以往只能用扦插或分株的方式繁殖，而這也是粗肋草高價神話崩壞

粗肋草在泰國及印尼已是重要的觀賞植物，許多種苗園專業栽培以供出口。圖為商業繁殖者的園子。

的開始。

今日彩葉粗肋草已可量產，也趨於平價化，但僅限於部分品種，仍有很多新育成的華麗品種以高價的姿態出現於國際市場，不過價格已經不若當年汶萊蘇丹皇宮中的珍寶那般嚇人，或許再過些時候可以在全世界的家庭見到它華麗的丰采。

彩葉粗肋草適合在家中的日陰環境培養，彩色的葉片一掃原本日陰環境只有綠葉的規則，即使沒有花朵，也呈現出亮麗的色彩，足以和

天南星科中最多彩色葉片的彩葉芋相媲美，但需要每天陽光直射數小時的彩葉芋，其耐陰性遠不如粗肋草。

春雪芋
Homalomena

春雪芋在植物地理分布上是個相當特殊的家族，不像其他天南星科植物，例如火鶴花及蔓綠絨是熱帶美洲的象徵，粗肋草與觀音蓮點綴在熱帶亞洲森林中那般的侷限，春雪芋是同時出現在熱帶亞洲及熱

產於婆羅洲沙勞越森林中的某種春雪芋，葉片上具有美麗的斑點，需要很高的空氣溼度才可正常生長。

產於婆羅洲沙勞越石灰岩壁的某種春雪芋，葉為絨質，葉色多變。圖為暗褐色葉片的個體，耐陰性好，適合日陰環境。

產於南美北部的春雪芋原種 *H. wallisii*，是這屬少數已被廣為栽培的觀賞植物，已有少許葉色不同的個體被挑選出。

產於蘇門答臘高山雲霧帶的某種春雪芋，植株小巧，若非開花，很容易被誤認為某種苦苣苔。

帶美洲的屬。雖然植株沒有搶眼的外表，也沒有很多園藝種被栽培，但是特殊的葉色還是吸引不少人的目光，至今還有很多原生種隱藏在熱帶雨林的祕密角落，等著人們發掘。

春雪芋最顯眼的特徵在於它的莖幾乎是在土面之下，即使成長多年也不會像其他天南星科的植物越長越高。各個原生種對光線的需求不大相同，雖然有很多喜歡日陰的環境，但也有極少數需要比較明亮的

某種產於婆羅洲印馬交界森林中的春雪芋，銀色的絨質葉配上紅色的葉柄，在這屬中相當罕見。

園藝栽培種的落檐，圖為葉面具有大理石斑點的園藝種。

婆羅洲西部石灰岩地區產的落檐，這屬多半生長在石灰岩上土層厚的林床上，不像春雪芋可以直接附生在岩壁上。

光線，因此在選購前最好先研究一下。原則上來說，這屬相當強健，不太需要特別管哩，極適宜家庭培植。

和春雪芋習性相近且外觀近似的有落檐 *Schismatoglottis* 一屬。

亞洲的蔓藤天南星

在熱帶亞洲，蔓藤型的天南星科植物分散為許多小屬，不像熱帶美洲僅是蔓綠絨、蓬萊蕉和合果芋等大屬，合起來就佔了極大的比率。熱帶亞洲常見的蔓藤性天南星多為針房藤 *Rhaphidophora*、拎樹藤 *Epipremnum*、星點藤 *Scindapsus* 及柚葉藤 *Pothos* 等，這些屬的成員都不多，但是其中不少種類具有非常好的環境適應力，常可在市場上見到，其中黃金葛，大概就是最常見也最耐命的蔓藤植物，在許多不適宜植物成長的環境，它都能適應良好。因此，

黃金葛最新之園藝種，花斑和以往常見的種類並不相同。

拎樹藤的成熟葉片多深裂。

圖右邊葉脈呈白網紋者即為最美麗的針房藤原種R. cryptantha，產於新幾內亞；左邊斑點葉面的為星點藤S. pictus。兩者皆為亞洲最美麗的攀緣性天南星科植物。

產於婆羅洲的針房藤原種R. korthalsii，在原生地常攀爬於石灰岩壁或樹幹上，葉脈與葉面間總是凹凸不平。

多數針房藤的成熟葉型態和幼葉差異很大，多會轉為羽裂狀，因此很容易造成分類困擾。

如果有人要推薦最易栽培的室內蔓性植物，那必定是黃金葛。但黃金葛在分類上也讓人感到相當棘手，最早它被歸類為柚葉藤，後來歸類為星點藤，之後多數的書籍將它歸類到拎樹藤，但最近又有書籍和文獻將它歸類為針房藤，如此複雜的分類歷史，實在讓人費解。

其他種類雖然不像黃金葛那般容易栽培，但也不至於太困難，只是要注意針房藤、星點藤等，都和蓬萊蕉一樣，若是沒有垂直可供攀附的環境而任其下垂，葉子的距離就會拉長，變得不好看。至於拎樹藤

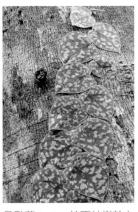

星點藤*S. pictus* 分布很廣，各地皆有許多地區變異種，圖為各種不同斑點的園藝選別種。

星點藤*S. pictus*於雨林樹幹上附生的幼葉狀態，葉片像針房藤那般緊貼樹幹。

產在泰緬邊境，攀爬於森林巨竹上的某種柚葉藤。

及柚葉藤，在剪取枝條繁殖時要注意避免成熟葉，剪取幼葉型的枝條比較容易發根。它的栽培管理方式和蔓綠絨、蓬萊蕉相仿。

產在馬來西亞北部吉蘭丹州石灰岩上的某種柚葉藤。自遠方眺望，宛如蕨類葉片自岩壁上懸垂而下。

魔芋

Amorphophallus

很多人可能在媒體上見過這種號稱世上最高的花朵（花朵直徑最大的是寄生植物萊佛士花*Rafflesia*），因而對這傳說會散布屍臭的植物感到好奇。其實魔芋屬的成員並非只分布在人跡罕至的蘇門答臘，台灣就有很多種。在西非及剛果雨林、馬達加斯加島、印度以及整個東南亞，甚至澳洲，都可以看到這屬的蹤影。

其實魔芋屬中，大概只有泰坦魔芋和其他少數熱帶雨林產的種類有這樣大的花朵，多數種類的花朵還是較小型。人們對於魔芋這般怪異的花朵，有兩極化的反應，不喜歡的人往往視之為毫無觀賞價值的怪東西；喜歡的人對它們熱中瘋狂的態度，絕非「喜歡」二字可以形容，對這些人而言，這種造型的花朵簡直是地球上最美麗的花形，或是特殊到無其他植物可以取代，進而開始瘋狂蒐集。

魔芋具有地下塊莖，整個生長週期就是抽新芽，長葉片，以葉片吸收的養分讓地底的塊莖膨脹，然後葉片凋萎進入休眠，如此循環著。產在熱帶季風氣候的原生種大多緊密地依循這個週期，但是產在熱帶雨林的種類，因為終年都有雨水滋潤，沒有缺水的乾季，會在葉片凋萎後一個月，再度抽出

在野外成熟的泰坦魔芋*A. titanum*的果實。

世上葉片最美麗的魔芋之一*A. pendulus*，產在婆羅洲西部，不容易栽培。

產於泰緬邊境的某種魔芋，葉片具有這屬中少見的粉紅斑點。

產於泰國北部接臨寮國石灰岩山壁上的魔芋花朵。

產於蘇門答臘花崗岩區域的魔芋A. manta，葉片具有金屬光澤般的粉紅色，不易栽植。

來自泰國東北部與寮國接臨的湄公河沿岸，葉片具有紅色的細點。

新芽，如此反覆地延續生命，而如果已經是成熟的植株，則會在抽葉子前開花。

　　栽培魔芋時需要注意：所栽培的種類是來自有固定休眠期的熱帶季風氣候區，還是終年成長且不定時休眠的赤道雨林區。會休眠的種類在葉片開始變黃時就要斷水，等葉片凋萎變乾後減除葉柄，將盆子移到不會淋到雨的地方。而不定時休眠的雨林性種類，雖然整年都處在溼答答的環境，但仔細觀察可以發現，這

來自泰國東北部與寮國接臨的湄公河沿岸的星點魔芋 *A. obscurus*，葉面具有搶眼的白色星點，先開花後長葉。

疣柄魔芋 *A. paeoniifolius* 是世上分布最廣的魔芋，由東非的馬達加斯加至南太平洋的波里尼西亞皆可發現其蹤影。

來自泰國北部石灰岩區的魔芋原種 *A. saururus*，紫黑色葉鑲有紅色細邊。

產在泰緬邊境的某種魔芋，葉片表面具有大理石一般的灰色斑紋。

些腐植質都很酥鬆，排水良好。因此栽培時需要注意：魔芋不喜歡陽光直射，偏好明亮的日陰，在生長期可以等介質乾燥後再澆水，不要讓介質一直保持潮濕。即使在落葉休眠後還是要定時澆水，避免介質完全乾燥，因為它們的休眠期很短。

魔芋類都不可以在生長期移植，一定要在落葉休眠後移植，因為根如果受損，便無法再生長和吸收養分，而且一旦挖出後要盡快埋入介質中，以防塊莖脫水。固定休眠的魔芋以萌芽前的春季挖掘最佳，太早挖掘、分盆或換土，埋回後較易潰爛。

很多人認為魔芋是先開花後長葉，確實多數種類是如此，但是在魔芋分布較密集的中南半島上，魔芋採取花期分散的機制來避免與其他種類產生雜交。在魔芋密集的湄公河流域，星點摩芋會採取魔芋最常用的模式——在雨季生長期來臨前先開花，然後長葉子；多花魔芋則採取先在雨季長葉子，雨季結束前開花並

銀葉魔芋*A. glaucophyllus*和黑葉魔芋*A. atroviridis*。

這種魔芋產在泰國東北部與寮國接臨的湄公河沿岸，先長葉子，葉片枯萎後的休眠期才開花。

來自泰國西部的某種魔芋的花朵，花色詭異且獨特。

結果；更有些尚未命名的種類會在雨季時長葉子，雨季結束葉片凋萎後才開始抽花梗、結果，而此時已經沒葉片可以行光合作用，結種

和魔芋近緣的別屬植物*Pseudodracontium lacourii*，葉面有細點，具有觀賞價值，在原生地多為一種季節性的野菜，分布於中南半島的湄公河沿岸。

來自泰緬邊境石灰岩環境的
某種魔芋的花。

魔芋原種 *A. muelleri* 的花朵，
色彩異常艷麗且花紋複雜。

子所需的養分完全由土中的塊莖來供給。

魔芋這類花朵具有腐屍般惡臭的植物，和許多雨林植物一樣，主要利用蠅類來授粉，但是為了避免與附近一起開花的別種雜交，它們會在不同的時段產生臭味，有些在上午，有些在日落，以免蠅類搞混了花粉。魔芋在原生地很少長在陽光曝曬的環境，多半長在山區的森林裡，除了少數泰坦魔芋等大型種長在深厚的腐植土外，多數種類長在以石灰岩或砂岩為基質的斜坡上，這些環境在降雨後會很快地排掉多餘的水分。因此栽培魔芋最好採用排水良好的介質，如果排水不良，容易導致塊莖腐爛。由於它們多生長在土壤有限的石壁裂縫中，因此用小一點的盆子栽植比較安全，大型的盆子會讓介質乾燥的週期變慢，增加球莖腐爛的風險。

魔芋主要利用種子來繁殖，只有少數種類塊莖表面具有像馬鈴薯那樣可以發芽的芽眼。細長型的塊莖應先切割後再淺植，如此才能在短時間獲得比較多的植株；有芽眼的圓球型塊莖，可以先破壞主芽，之後從這些小芽眼會冒出新的生長點，經過一個栽培季節後，原本單一的球莖會因為各個獨立成長的芽點開始變形，這時可以依循著已經確認的主芽點切割。

天南星

Arisaema
及其他具休眠性的塊莖型天南星屬

天南星屬的植物在台灣最常見的算是申跋。三十年前在台灣春季花期時，常有人自野外將開花的天南星移種在盆裡，並將兩片葉子除去或埋入土中，以瓶子草的名義賣出。或許當時的人將佛焰苞奇特的花序誤認為是瓶子草的捕蟲葉。

天南星屬算是少數分布在冷涼地區的溫帶比熱帶還多的天南星科植物，在日本或美國都是很受歡迎的林蔭下植物，許多森林公園都喜歡栽培當地的原生種，英國雖然沒有原生的天

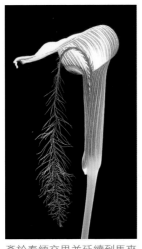

產於泰緬交界並延續到馬來半島北部的 *A. fimbriatum*，地下部是塊莖型的落葉種，適合庭園栽植，花色很特殊。

產於蘇門答臘高海拔山區的某種天南星，地下部是根莖型的常綠種。

圖左是產於馬來半島泰馬邊境森林中的天南星原種 *A. prazeri*，地下部是根莖型的落葉種，在短暫的乾季落葉休眠，植株很大，適合庭園栽植。

南星，但是引進很多喜馬拉雅山區的天南星，多種具有大型的花朵。

在台灣除了低山帶的原生種類適宜在平地栽培外，中、高海拔的種類並不適合栽培，多半栽培一陣子後就會逐漸死去。或許因為這樣，天南星給人寒冷地帶植物的印象，其實有少數種類產在熱帶。這類熱帶性的天南星在台灣平地很容易栽培。

天南星屬可以分為兩類：一是地下莖為塊莖，只在夏季生長、冬季落葉休眠的種類，廣泛分布於亞洲、北美洲及東非；另一類地下莖是根莖，終年常綠，只分布於東南亞。天南星另一項很特別的是，植株會轉換性別，植株開花時多半只有單性花，幼苗在長至成株階段的前幾年開的都是雄花，

花朵碩大且色彩艷麗的土半夏原種*T. trilobatum*，相當容易培植，花朵大小近似海芋，需要比較明亮的環境。

植株迷你的土半夏原種*T. orbifolium*，很適合小盆栽，花朵很多，賞花期可維持一段時間。

土半夏原種*T. varians*的花朵顏色近似暗綠色，像小型的*T. trilobatum*，也需要明亮的環境。

直到植株吸收的養分足夠後才轉成雌株。如果雌株結種子後消耗太多養分，或是被人們挖起來移植到別處而元氣大傷，還是會再變成雄株。

熱帶地區類似天南星屬的植物還有土半夏*Typhonium*、細柄芋*Hapaline*、*Pycnospatha*等。它們都具有地下塊莖，會在乾季休眠，而且多半沒有華麗的葉片，但是每到花季，那造型特殊的花朵足以讓人迷戀。栽培的方式類似培養魔芋，最重要的是介質排水要好，以免塊莖腐爛，休眠期要斷水，但是不要將塊莖自土中挖起，不然塊莖極易脫水而死。常綠型的天南星屬由於原生於滿是腐質落葉的林床，因此比休眠性種類更需要遮陰及較高的空氣濕度，可用栽培粗肋草的方式來培育。

某種細柄芋，葉片上具有大理石樣的花紋，極具觀葉價值。

生長在馬來半島石灰岩壁裂縫中的細柄芋原種 *H. brownii*，花開時節，芳香四溢，香氣像似桂花。

迷你的*Pycnospatha palmata*，很適合小盆栽及空間有限的環境，花朵凋謝後才抽出葉子。

花很大的*Pycnospatha arietina*，需6吋以上的盆栽植。

以往水草造景之用。

以往水草栽培者大多以優良的過濾設施和添加二氧化碳的方法，讓水生天南星健康地生長於魚缸裡，但是這除了

曲籽芋原種*Cyrtosperma merkusii*，是體型相當巨大的種類，需要有寬廣的空間栽植。

曲籽芋原種*Cyrtosperma johnstonii*，幼年期的葉片顏色鮮艷異常，幾乎可以媲美彩葉芋，植株一旦成熟，葉片會轉為綠色，因此最好讓植株維持幼年化。

水生天南星

在熱帶雨林多樣化的生態環境下，天南星科植物不但生長在陸上，也擴張到空中的著生環境，還有一部分進入水生的環境。這些水生的天南星，有的長在季節性沼澤裡，有的長在溪流旁，在雨季洪水期才會沒入水中，有的長在山澗或瀑布等長年被水噴濺之處，更有長在紅樹林半鹹水的環境，只在退潮時才露出水面。它們廣為水草愛好者收集，或作為熱帶魚缸的

產於亞馬遜河下游河岸的*Montrichardia arborescens*，為適應亞馬遜河乾濕季河水上漲的高度，植株演化得非常巨大，莖幹非常堅韌，可以抵禦河水濤洗河岸。

巨水芋*Typhonodorum lindleyanum*產在馬達加斯加東部的淹水沼澤區，植株外觀像是芭蕉與姑婆芋的綜合體。

需要投資大量的金錢與能源外，還要經常與惱人的藻類對抗。因為和其他水草相比，天南星算是長得比較緩慢的。近年來水草界開始流行半水生的栽培方式，將這些水生天南星養在密閉或保持高空氣濕度的環境，欣賞它們陸生的葉子（很多天南星水生與陸生的葉子明顯不同）。又因為很多水生天南星科在產地，是在乾季或水位下降，露出水面時才開花，因此不少人為了觀賞它們的花朵，採用陸生栽培法。還有人營造水陸兩棲的缸子，或是利用空魚缸，裝上噴霧或定時灑水系統，模擬和它們生長的瀑布或山澗等類似的環境，將自然的一景帶入家中，彷彿在日常生活中開了個小窗口，可以不定時透過玻璃見到想像中的雨林。

由於水族界接觸這些水生天南星已相當久，許多植物的俗名也被多數人用慣了。除了椒草*Cryptocoryne*這屬因和胡椒科的椒草屬*Peperomia*同名，於本書改稱為水椒草外，其他依然沿用水族界對這些奇特植物的稱呼。

還有一些天南星是長在水邊或沼澤淺水中，以挺水的模式成長，像是熱帶亞洲的刺芋*Lasia*及曲籽芋*Cyrtosperma*，南美洲的*Montrichardia*或是馬達加斯加的巨水芋

*Typhonodorum*等，但是這類植物大多需要充足的日照，且植株多半相當巨大，甚至有刺，因此不建議在狹隘的陽台空間或小院子中栽培，如果家中有寬廣且日照充足的空間，可以利用一些大水桶或大水盆，以養荷花的方式來照顧。

水椒草
Cryptocoryne

分布於整個東南亞的水域，除了極少部分是汽水域種類外，多數產在淡水的內陸河流和泥炭濕原的沼澤環境。一般來說，產在流水區域的種類，對於水質的變動有比較大的抵抗力，這類水椒草經常長在接近河岸的淺水中，因

河流型水椒草*C. bullosa*的原生環境，終年流水不斷，植株少有露出水面的情形。

沼澤型水椒草*C. longicauda*的原生環境，乾季時會全部露出水面。

沼澤型水椒草*C. cordata* var. *zonata*適宜以水苔或泥炭等酸性介質栽植。

此它們的葉片大多呈細長型，以減少水流產生的阻力。由於它們多半長期生長在水中，當乾季水位降低，只有長在最淺灘的植株會冒出水面，一旦露出水面，植株會轉變為矮小狀，以減少蒸散作用，防止植株脫水。如果此時在產

地見到這兩型，很容易誤以為它們是不同種的植物。

長在泥炭濕原的水椒草，多數可在泥炭濕原分布廣泛的婆羅洲和蘇門答臘看到，它們多是圓形的葉子。在原生環境多泡在淺水的泥炭沼澤，在每年4月或9月降

沼澤型水椒草 *C. pallidinervia* 於乾季時躲在落葉下，以維持適度溼氣。

水上型的水椒草可用空魚缸栽植。

雨最少時，短暫露出於水面，此時植株多半被森林落葉覆蓋，即使露出水面，還是可以靠著這些腐爛的落葉保持一定的溼度，如果沒有剛好看到抽花梗的植株，想在陰暗的林床上找到它們並不容易。由於這類水椒草在水面上的葉子不像流水型變得特別小，獲得許多收集玩家的青睞。泥炭濕原型的水椒草喜歡酸性的軟水，對水質的變化比流水型的還敏感，因此在移植時，要小心並逐步換水。至於水上型的植株，植物體多半比較硬，植株對水質的改變有較強的適應力。

水椒草大多具有發達的地下莖，在魚缸培養時有時會因為水質變化太大而整株溶解，此時不必過於緊張，只要將溶掉的葉子移除，繼續維持水質的穩定性，過些時候水椒草會再度從地下的根莖冒出新的生長點。

此外，還有一種是將水位維持在植株高度附近，讓葉面剛好可以碰觸到水面的半水中型培養法。這種方法不需要複雜的設備，相當適合生活忙碌的人採用。

芭蕉草
Lagenandra

芭蕉草和水椒草的外觀相當類似，若要粗略地由外觀來區分，芭蕉草的新生葉片伸展時，是由葉緣兩邊一起伸展攤開，這和水椒草是由新葉的一邊螺旋般地伸展開是不同的。

芭蕉草給人的印象多是長於東南亞的汽水域，且外觀沒有特殊變化，其實在印度西南部的西高止山的溪流中，有很多已為植物學者發現、但尚未被水族界知曉的華麗原生種。其中

圖為芭蕉草原生地的紅樹林環境，雖然和水椒草同為亞洲的水生天南星，但生長環境多比較明亮，不像水椒草多長於樹林之下的幽暗環境。

部分種類的外觀近似改良後的紅粗肋草，即使是今日最耀眼的水椒草都難以與之相比，相信再過幾年會興起另一股迷芭蕉草的潮流。芭蕉草的管理方式與水椒草近似，可以參考水椒草的管理模式。

水榕

Anubias

水榕屬來自西非赤道雨林，多數種類附生在潮濕的岩石或溪邊樹根上，但不像水椒草那樣長時間泡在水中。由於它們在水中長得比較慢，因此於商業大規模栽培時，多數還是以陸生方式培養。為了維持所需的高空氣濕度，多數苗圃採用定時噴霧。而在水族界的栽培方式，除了傳統的水生養法外，還有以半水景加裝定時噴霧的方法，或直接利用過濾器將缸底的水循環式地抽上來噴灑，模擬野外溪澗的生態模式培養。

水榕的葉子相當硬（事實上就跟一般的陸生天南星一樣），不像水椒草那般容易溶解，

*Piptospatha grabowskii*多生長在婆羅洲的溪岸環境，雨季時植株多淹沒在溪流暴漲的水中，平常還是生長在水面上。

水榕在水滴噴濺的環境下長得比完全沒入水中的狀態好，因此半水景的生態缸經常利用水榕。

廣被栽植於魚缸中，因為栽植一次，不太需要像其他常見的水草那般修剪或更動，即可擁有綠意盎然的水族空間。其他和水榕生長的生態環境類似，但分布在東南亞的還有辣椒榕Bucephalandra以及Piptospatha等。這幾種天南星也多是長在水邊或瀑布旁，只有在洪水期才會被水淹蓋，因此培養方式可以完全參考水榕的模式。

非洲的天南星

非洲大陸除了地中海沿岸有部分塊莖型天南星科植物，自古以來就被許多植物學家發表之外，撒哈拉沙漠以南之熱帶雨林氣候產的許多熱帶天南星，至今只有極少部分被用做觀賞植物，因此讓許多人誤以為，非洲大陸似乎沒有天南星科植物。除了少數像水榕，已經廣為歐洲國家引入水草界作為水族箱的造景植物外，大概只有二、三種植物被栽植為觀葉盆栽，相

信隨著交通運輸的發達，以後會有更多的非洲天南星被栽植於人類的居家環境中。

產於東非坦尚尼亞與肯亞的*Callopsis volkensii*，植株迷你，像是縮小版的海芋，在日陰環境容易培養於小花盆中，冬季休眠，但休眠期不可完全斷水，偶爾還是要澆水保持溼度。

*Cercestis mirabilis*產於西非的剛果雨林中，是這屬中少數具有美麗葉色的種類，植株性狀很怪異，在地面叢生一陣子後會產生走莖擴散，要等走莖先端的幼體長根後，才剪下來移植他處。

第六章
蘭科植物

框架中的萬代蘭、雨林樹幹上的豆蘭、熱帶季風林的落葉性豆蘭、著生樹上的落葉性根節蘭、岩生性拖鞋蘭與落葉層林床的拖鞋蘭、寶石蘭、玉鳳蘭。

第六章 蘭科植物

框架中的萬代蘭、雨林樹幹上的豆蘭、熱帶季風林的落葉性豆蘭、著生樹上的落葉性根節蘭、岩生性拖鞋蘭與落葉層林床的拖鞋蘭、寶石蘭、玉鳳蘭。

蘭花在台灣的市況大概是他國難得一見的，優良的氣候環境使來自亞熱帶及熱帶的多數蘭花，在戶外無需太多設施即可培植，一年四季都有不同種類盛開著，只要花點心思，便可以讓自家小小的陽台全年都有蘭花開放。今日廣為人們園藝栽培的蘭花大致就是花市常見的嘉德麗亞蘭、石斛蘭、東亞蘭、單莖性的蘭屬、文心蘭等，原生種大多來自類似台灣中南部氣候的熱帶季風林疏林地帶，那種有乾濕季節變化的氣候環境，或許是這些蘭能依循不同季節開放的原因之一。

在終年降雨的赤道雨林中，有美麗且醒目的花朵，進而導入為園藝植物的蘭花，大概只有蝴蝶蘭、部分的拖鞋蘭，以及大多數尚未廣為雜交改良的豆蘭。大部分來自赤道雨林的蘭科植物，花朵較小，較無法吸引一般消費者。蘭花的栽培在台灣非常蓬勃，坊間論述蘭花栽培技巧的書籍不少，因此本書只介紹蘭花在野外的生態與家居栽培管理上的關聯，以及部分常被錯誤栽培的蘭花。

框架中的萬代蘭

Vanda

最能代表熱帶蘭花的萬代蘭等單莖性蘭花，一般人常誤解培植法而栽植失敗。許多人誤以為這些蘭花種在木框中，沒有介質也可以長得好，買回家後就這樣掛在陽台，之後隨著花朵的凋謝，葉片開始脫落或逐漸凋萎，多數人歸咎於溫度不夠高，其實最大的問題在於空氣濕度。

在野外，這些蘭花也是長在森林的樹幹上，但仍需要從雨季的降雨或乾季時清晨的霧氣獲得水分，當降雨或晨霧接觸到樹幹，樹幹的裂縫和苔蘚甚至地衣，都可以保存適量的水分。今日商業的蘭花生產為了要讓蘭花易於出口，避免檢疫時不必要的麻煩，就盡量簡化介質，只用木框甚至塑膠框。為了配合這種方式，蘭園也在設施上作了改變，例如在地表挖掘小溝渠以利積水，或拉細密的網子，讓濕氣不易被吹散，以提高空氣濕度，或經常澆水。

然而，一旦原封不動的植株經過跨國出口移

由於原生種的色彩繁多，也造就了今日萬代蘭交配種色彩的多樣性。

出口萬代蘭盆栽的園子多數會在園區內的地上積水，以維持環境溼度。

部分萬代蘭栽植者利用萬代蘭根部善於攀附的特性，僅是在棚架上鋪張網子放上半粒椰子來栽培。

植到家居環境，所有的硬體環境都改變了，沒有原本的高空氣濕度和園丁三不五時的澆水，或者植株澆水後還來不及吸收，就被風吹乾，最後像晾衣服般地掛在陽台，一如失根的蘭花那樣悲慘。應變的方法就是，將植株移到盆子中，添加樹皮或木炭等介質，讓根部可以附著其上，藉由這些介質減緩水分蒸發的速度。

另外要注意的是光照問題，很多人認為單莖性蘭花應充分享受夏日的陽光。雖然多數的單莖性蘭花在育種時已和能抵抗烈日的棒葉萬代蘭交配過，但在夏季還是要特別遮光50％，或避開午間的強日照。

雨林樹幹上的豆蘭

Bulbophyllum

有別於許多來自熱帶季風林的美麗蘭花，豆蘭主要產於密林罩頂的赤道雨林。在樹冠層下

B. *contortisepalum*產於新幾內亞低海拔地區，植株矮小但花朵卻不小，花形奇特，容易培養。

B. *echinolabium*是豆蘭屬中花朵最大的，但死老鼠般的特異香味，令不少人怯步。持續生長的花梗會陸續開花，花後不要將花梗剪除。

B. *mastersianum*在捲瓣蘭族群中，植株雖小卻開出大型花，很多交配種都以它為親本。

B. *anceps*的假球莖外觀像是龜殼平貼在樹幹上，有「龜殼豆蘭」之稱。習性和一般豆蘭差異很大，不喜歡恒濕的環境且極為怕冷，偏好乾溼交替的栽培條件，最好以類似石斛蘭比較明亮的環境來栽植。

方較底層的樹幹上，往往有一層厚厚的苔蘚，在這種高空氣濕度穩定的環境下，豆蘭將纖細的根部扎入苔蘚以獲得水分。蘭花的根系因種類不同有很大的差異，例如萬代蘭、蝴蝶蘭等單莖性蘭花或東亞蘭，都有粗大的根，嘉德利亞和石斛蘭的根比較細，而文心蘭的根更細。這些蘭花的根大多有一層可以蓄水或防止乾燥的海綿層，但豆蘭的根幾乎沒有這樣的構造，所以在選擇介質時應盡可能採用乾濕變

B. *facetum*分布在菲律賓高地的美麗原種，花朵的生理習性很特殊，幾乎每天中午過後便閉合，在台灣不難種植，但在高溫的熱帶地區頗困難。

B. *fletcherianum*是幾種分布在新幾內亞且擁有巨大飄帶狀葉片的豆蘭中，在台灣尚屬罕見的種類，只分布在新幾內亞島東部的巴布亞共和國。由於和台灣常見的大領帶豆蘭B. *phalaenopsis*外觀極近似，常被印尼蘭商誤導（印尼幾乎都將該國產的B. *phalaenopsis*稱做B. *fletcherianum*），其實兩者差異很大，B. *fletcherianum*的花朵沒有毛，豔麗的紫色新葉也是大領帶豆蘭沒有的。此族群大多長在岩壁裂縫，建議栽植在木框中會比附在木板上好。

網紋豆蘭B. *reticulatum*的葉具有這屬最特殊的紋路。在原生地多生長在石灰岩森林、潮濕地面的落葉層或岩石的苔蘚中，栽植時不建議附生在板子上，以籃框栽植並置於高空氣濕度的環境為宜。

化不大的材質，如水苔等；若採用疏水性好的樹皮或木炭，就要經常澆水，或在介質中另外添加蓄水性好的泡綿或棉織。

　　許多人將豆蘭附生在蛇木板上，但如果無法維持恆定的高濕度，植株會長不好。如果栽培環境無法改變，但是又希望豆蘭可以在板子上延伸走莖，不妨採用多孔的籃子，以水苔為介質來培養。豆蘭來自雨林，多半喜歡整年明亮的日陰環境。

　　來自新幾內亞的領帶

豆蘭類，具有領帶般又寬又長的葉，很多人喜歡將它們附著在蛇木板上，其實在野外這些蘭花大多長在岩壁裂縫，吸收有機質中的養分，而不是長在樹上，一旦附在蛇木板，不但長不

*B. beccarii*擁有豆蘭屬最大的葉子，在原生地多以巨大的葉片螺旋狀緊抱樹幹，由葉片收集自樹上飄落的有機質。

B. Frank Smith 是兩個不同族群的豆蘭雜交種，幾乎承傳了兩親本的優點：花期長、花朵多、色彩豔麗，是不可多得的園藝種。

來自泰國的微小型豆蘭*B. subtenellum*。很多近似的原種來自婆羅洲的雲霧林，而這來自熱帶季風林的嬌客算是比較容易栽培的，一年中只有夏季高濕的雨季長出細長的葉片，其他時間幾乎只靠假球莖行光合作用，豆狀的假球莖很具觀賞性。栽培時，建議直接附在板子上，它喜歡經常澆水但水分很快流去的介面，冬季要常噴霧，不能乾過頭。

好，假球莖也會越來越大，造成根系脆弱，無法抓穩板子。建議改用框架，在其中填滿水苔，如此一來根部有足夠的空間伸展和吸收養分，而且不必支撐巨大的假球莖和長葉片。如果覺得附在蛇木板有無可取代的視覺效果，那就在蛇木板的植株周圍添加水苔，讓根部可以扎入，並將植株以鐵絲固定好。

圖左為 *B. kanburiense*，右為 *B. sanittii*。兩者皆為花朵顯目的落葉性豆蘭，具螺旋槳似的花朵，風吹過時花瓣會飄動。*B. kanburiense*極容易和 *B. wallichii*混淆，兩者差異在 *B. kanburiense* 的上萼瓣寬很多。*B. sanittii*在花朵近似螺旋槳的落葉性豆蘭中，花朵數量最多。

熱帶季風林的落葉性豆蘭

落葉性豆蘭來自熱帶季風林的降雨迎風坡。乾季時，附生的樹木葉都掉光了，因此它們也將葉片脫落，任憑根系乾燥，只靠晨霧來滋潤。在雨季，這裡因為是迎風坡，陰雨的日子多，環境驟然變得非常潮濕，落葉性豆蘭趁機伸展葉子行光合作用，試圖讓新的假球莖在雨季結束前充實到最大，以便度過下個乾季。

*B. auricomum*是落葉豆蘭中少數具有花香的一種，生長期要多施肥，好讓新球膨大，年底的花芽才能長得壯。

B. comosum 花朵綻放時，像是懸掛的羊毛球，植株和*B. sanittii*接近，是植株比較高大的落葉性豆蘭。

這類豆蘭可以採用一般豆蘭的栽植法，給予充足的水分、高空氣濕度和養分，並嚴防炭疽病的感染及蝸牛危害。

近冬時，完全斷水，讓植株休眠，休眠期間偶爾以噴霧器略噴濕假球莖，維持適當的空氣濕度。在花期結束（早

春）但還沒開始長新芽
前，更換介質或移盆。
這種栽植法也適合所有
來自熱帶季風林、會落
葉休眠的其他著生蘭。

著生樹上的
落葉性根節蘭
Calanthe

　　落葉性根節蘭是根節
蘭的一個族群，市面上
有不少人為雜交的園藝
種。很多人因為台灣的
根節蘭大多長在森林的
林床上，而將落葉性根
節蘭看作地生蘭。其實
在東南亞的季風林中，
它們長在樹上或石灰岩
岩縫，乾季時以落葉維
持生命。和它們生長環
境類似的是產於中南美

*C. vestita*附生在高樹上的斜蕨中，圖為離地超過12公尺的高
度。（攝於婆羅洲中部山區）

洲的捧心蘭。

　　栽植落葉性根節蘭要
注意介質的保水性不要
太好，最好是比較疏鬆
的混合介質，像是細樹

皮、石塊等混合，可以
有乾濕交替的情況，並
且提供足夠的養分。也
要注意葉片的通風，並
保護好巨大的葉片，避

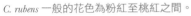
C. rubens 一般的花色為粉紅至桃紅之間。

C. rosea是落葉根節蘭族群中花形最特別的，花朵大而豔麗，經常被選為交配親本。

免被強風所傷或因外力而破損。到了深秋，葉片開始凋萎，此時要斷水。自初冬一直到春是它們盛開的季節。和落葉性豆蘭一樣，要選在春季新芽尚未開始活動前移植。

岩生性拖鞋蘭與落葉層林床的拖鞋蘭

Paphiopedilum

許多蘭花書籍將拖鞋蘭歸為地生蘭類，其實真正長在地面上的拖鞋蘭只有鬚毛亞屬

Barbarta，其他絕大多數是岩生性，極少數為著生。以往很多人誤解拖鞋蘭是地生蘭，多半建議以水苔為介質，其實只有鬚毛亞屬才適應水苔的環境，其他亞屬原生於石灰岩或花崗岩分布的地區。

拖鞋蘭在原生地大多長在高出森林高度的岩壁上，不少岩壁上還長滿了樹，每天照到太陽的時間只有數小時。

由於多半和其他植物或大樹共存，必須跟其他植物競生，在這種環境

鬚毛亞屬拖鞋蘭的原種*P. bullenianum*，生長在婆羅洲陰暗的林床落葉上。

鬚毛亞屬拖鞋蘭的原種*P. violascens*，生長在新幾內亞森林底層岩石上的苔蘚中。

短瓣亞屬拖鞋蘭的原種*P. godefroyae*。在蘭展上，栽培者仿照原生地模式將植株種在石灰岩塊中。

短瓣亞屬的原種*P. concolor*抽苔即將開花，攝於泰國暹羅灣岸邊的石灰岩壁。

多花亞屬拖鞋蘭的原種*P. stonei*，攝於婆羅洲西部石灰岩上的生長地。

冬季常可在花市見到的拖鞋蘭交配種，是近百年來愛蘭者努力的成果，花朵最多可維持近兩個月。

下，每天可以分享到的日光侷限在固定時段的短時間裡。

　　家居環境的陽台很適宜栽培拖鞋蘭，因為這些高出地面的水泥建築物彷彿是原生地那些高出地面的石灰岩，但在夏季最好避開西曬。朝北的環境可能只適合偏好冷涼的巴菲爾亞屬 *Paphiopedilum* 或需光量可以少一些的旋瓣亞

屬 *Cochlopetalum*；朝南的環境適合喜歡溫暖的短瓣亞屬 *Brachypetalum* 和多花亞屬 *Polyantha*；朝東的環境則適合喜歡陽光但冬季還是要曬到太陽的硬葉亞屬 *Parvisepalum*。

在介質的調配上，除了鬚毛亞屬適宜混合成林床腐植質的介質，其他岩生性種類建議以蘭石或其他石材混合等比例的樹皮或蛇木屑。少數以著生方式生長的拖鞋蘭分布於高海拔雲霧林，根部深入附著在樹皮上的苔蘚中，它們的根和氣根並不一樣，需要比較高的溼度，以一般岩生性拖鞋蘭的介質栽培，也可長得不錯。

寶石蘭
Jewel Orchid Alliance

寶石蘭是一群具有美麗葉片，生長在雨林中，所需光線不多的地生蘭，分別屬於好幾個不同的蘭屬，但栽培管理的方法相似。它吸引

Cyclopogon sp.是少數葉面有亮眼銀紋的美洲地生蘭，算是熱帶美洲的寶石蘭。（攝於祕魯森林的林床）

人的是葉，不是花。

除了極少數如血脈蘭 *Ludisia* 與 *Dossinia* 等長在石壁上的種類外，多數的寶石蘭都長在森林底層，對光照要求不高。森林底層的氣溫多半比森林外的氣溫要低，空氣濕度終年飽合且恆定，如果只是以著生蘭的概念管理，並且一味地多澆水，這類蘭花多半會很快死去。不妨將這些觀葉用途的寶石蘭分成來自熱帶季風林會休眠的種類，以及來自赤道雨林終年生長的種類，花些心思了解它們的生長習性。

Liparis purpureoviridis 是羊耳蒜屬中少數具有華麗葉紋的寶石蘭，具有迷人的紫色葉片，圖為新葉展開後，接續抽出了花梗。夏季需要降溫設施。

來自雨林的寶石蘭，在居家管理上面臨的最大問題是夏季高溫。雨林的林床溫度大約是

血脈蘭的分布幾乎遍及整個東南亞，相同種類的外觀因地域性差異而有顯著不同。

生長在婆羅洲西部石灰岩的*Dossinia marmorata*，多是將根深入堆積落葉的石灰岩裂縫中。

*Goodyera ustulata*分布在馬來半島、蘇門答臘及婆羅洲1000公尺左右的山區，夏天要稍微降夜溫。

在東南亞分布很廣的雲葉蘭*Nephelaphyllum pulchrum*，於原生地多長在赤道雨林中的林床上，葉片的花紋在落葉中形成絕佳保護色。

白天28度，夜晚24度，因此栽培一般低海拔的寶石蘭，日溫要控制在30度以下，夜溫在25度以下。至於來自赤道1000公尺左右的寶石蘭，如電光寶石蘭*Macodes petola*及大部分的金線蓮屬*Anoectochilus*、斑葉蘭屬*Goodyera*，日溫不要超過28度，夜溫要在22度以下。來自婆羅洲的*Dossinia*及雲葉蘭*Nephelaphyllum*和血脈蘭等，有比較好的耐熱性，在台灣平地多半可以忍受夏季高溫。所以在夏季，除了耐熱的種類外，最好移到冷氣房，但因冷氣房會抽乾水分，最好先將寶石蘭

電光寶石蘭

電光寶石蘭屬由於種類繁多且葉片華麗，吸引許多日本及歐美的愛好者以魚缸及人工光源來培養；在氣候炎熱的地區栽培時要考慮燈照熱源等的降溫設施問題。

分布在新幾內亞低海拔山區的*Macodes sanderiana*，大概是這屬中體積最大的種類。海拔分布不是很高，具一定的耐暑性，夏季只要擺在陰涼處，不需冷房也可度過，常有人將它和婆羅洲產的*Dossinia*混淆。

放進空魚缸或玻璃花房內；過了夏季（夜溫低於22度以下時），再將寶石蘭的缸子移到室外朝北、陽光不會直射的角落。產於高海拔的寶石蘭可以直接放在冰箱內，維持夜溫13度，日溫約20度左右，這類需要低溫的寶石蘭若只靠冷氣降溫，多半會出現葉片白化的症狀。

婆羅洲沙勞越森林中的金線蓮，本種的部分個體是綠色型，在陰暗的林床上異常顯目。

至於澆水，要等盆子的介質幾乎全乾，盡可能讓介質維持在半乾但缸子內的溼度呈飽合的狀態，筆者的經驗是一、兩個月澆一次即可（如果缸子有比較大的洞，或許會乾得更快）。很多人在澆水後往往忽略積存在缸底的殘餘水分，這些積水會讓寶石蘭長期處於過濕的狀態，進而爛根，因此澆水時應將植物移到屋外，瀝乾後再放回去。很多蘭花苗圃會將它們擺在棚架下，經常用水管灑水，讓植株溼漉漉的，其實這是寶石蘭最不喜歡的狀態。寶

脈葉蘭Nervilia

產於泰緬邊境石灰岩森林的小型種，葉片緊貼地面，中心有紫色星形紋。

產於泰國南部的東亞脈葉蘭 N. aragoana，葉上有一圈豔麗的紫色光環，是其他區域相同物種所沒有的特徵。

小柱蘭Malaxis

M. calophylla可說是小柱蘭屬中最受矚目的原種，植株上的斑點與花紋因產地有很大不同。產於泰緬邊境及馬來半島北部的熱帶季風林，冬季休眠期需斷水。

婆羅洲沙勞越石灰岩森林中的小柱蘭M. lowii，本種極容易和條紋近似的M. elegans混淆，本種的葉面蠟質光滑，而M. elegans則是絲絨狀葉面。

石蘭不喜歡葉子沾滿水滴，特別是葉心一旦積水不乾，容易引起細菌性感染。

產在乾濕季交替的熱帶季風林的寶石蘭好種很多，常見的有脈葉蘭 Nervilia、小柱蘭Malaxis 和指柱蘭Cheirostylis等。乾季斷水，讓它們待在盆中，等到高溫季節才開始澆水。當溫度降低時，開始減少給水，葉片脫落後就移到不會淋雨的地方過冬，隔年萌芽前再移植和分盆。

指柱蘭 *Cheirostylis*

產於泰寮邊境石灰岩區的某種指柱蘭，灰色的葉上有暗紫色的格狀網紋，這類來自熱帶季風林的指柱蘭在冬天乾季時會落葉休眠。

產於婆羅洲沙勞越山區的某種指柱蘭，因來自終年降雨的赤道雨林，莖部無肥大的部位儲水，終年常綠。

玉鳳蘭

玉鳳蘭是代表性的稱呼，許多來自熱帶季風林具有美麗花朵的地生蘭似乎都具有類似的外觀與習性，較常見的有玉鳳蘭 *Habenaria*、白蝶蘭 *Pecteilis*、*Cynorchis* 等，在台灣很容易栽培，像是專為台灣氣候而存在似地。這類蘭花可分成兩種：一種是來自溪谷、石灰岩環境的岩生種；另一種是來自季節性落葉林、林緣草地的地生蘭。

來自溪谷的多是開著彩色花朵的玉鳳蘭 *Habenaria rhodocheila* 家族，大多長在岩壁上，僅靠著一層薄薄的苔蘚附在石壁，靠著溪澗不時噴出的水花或雨季的降雨獲得水分，由於溪谷中空氣濕度很高，這些玉鳳蘭的介質常處於半乾不濕的狀態。在台灣就有一些苗圃以水牆溫室模擬這樣的生態環境來繁殖。在家中栽培這類玉鳳蘭，要注意擺設的位置。由於原生的溪谷環境每天會有一

小段時間有陽光自溪谷上方投射，在家中不妨栽植在東面或北面的陽台，以獲得短暫日照，並盡可能和其他植物放在一起，維持周遭的空氣濕度。

培養的介質以細碎的樹皮、泥炭土、人纖棉球，以及混合其他多孔性石礫等材料為主，以小盆或淺盆栽植，因為大盆子會讓介質乾得慢而導致爛球。也是等介質乾了再澆水。

來自季節性落葉林或林緣草地的地生蘭，以

玉鳳蘭的近緣種

*Brachycorythis helferi*是苞葉蘭中花朵巨大的種類，有許多色彩變異的個體，相當容易栽培，花多可開滿整個直立的莖幹，花期多逢雨季，要避免讓花淋到雨水。

沖繩雛蘭 *Amitostigma lepidum*是這屬中少數產在亞熱帶低海拔的物種，為了適應冷涼的氣候，選在夏季休眠、冬季低溫期生長開花，是少數可在台灣平地栽培的種類。

*Cynorchis purpurascens*為產於馬達加斯加島及馬斯卡連群島的美麗地生蘭，多長在岩壁裂縫中，巨大的葉片自高處垂下，一個生長季只一片葉，豔麗的花朵開在整串花梗上，在乾季進入休眠，栽培相當容易。

溪谷的玉鳳蘭屬*Habenaria*

粉花玉鳳蘭*H. erichmichaelii*白天會散發芳香，是這類玉鳳蘭中最強健的種類。

*H. rhodocheila*分布由中南半島延伸至中國南方，生長在岩縫中的落葉堆。很容易培養，花色變異極大，黃、橘至鮮紅都有。

*H. lindleyana*有「白鴿玉鳳蘭」之稱，花朵側面宛如飛翔中的白鴿。花期幾乎是所有玉鳳蘭中最晚的，在台灣經常要到11月天氣變涼時才可見花開。

*H. carnea*產在馬來半島中部到北部之泰國領土的石灰岩山區，近年極為罕見，算是極需保護的種類。不但花朵巨大，暗色葉上的珍珠斑點也很吸引人。

白蝶蘭屬和比較樸素的玉鳳蘭為主，由於它們生長在土壤中，使用一般排水好的培養土即可。至於盆子的大小，則視塊根大小而定。這類植物雖然產在林緣和草原，光照比較充分，但競生的草本植物也多，實際上僅限於某些時段才能獲得光照，其他時候多被周圍的野草遮蔽。空曠草原的空氣濕度多半不高，雨季時土壤的比較濕，可以比照一般的草花管理。這些蘭花在花後極易結種子，如果希望明年植

草原的玉鳳蘭屬*Habenaria*

*H. myriotricha*產於寮國南部，花朵極似日本白蝶蘭屬的鷺草，像是整群翱翔天空的鷺鷥。栽培容易，以大盆子群植比小盆單株培養要容易成功。

*H. dentata*玉鳳蘭分布很廣，除了台灣，也可在東南亞各國見到，植株強健，栽培簡單。

株長得好，最好盡早將殘花剪去，隔年的塊根才會更大。這類地生蘭的花期多半在生長期的末期，約在台灣的夏末至冬初，花後一個月，植株開始變黃，進而休眠，此時要斷水。

其實還有很多近似的蘭花來自南非或澳洲，只是這些植物多已適應地中海氣候。這類夏眠蘭花在台灣北部並不難栽植，只需將前述玉鳳蘭冬季的休眠期改成夏季。

*Pecteilis susannae*是白蝶蘭屬中花朵最接近鷺草的，花朵與植株均較高大，在夜間散發濃郁香味。本種有隔年開花的傾向，建議花後補充肥料，以免隔年球根縮小無法開花。

第七章
胡椒、葡萄
與其他蔓藤

葫蘆科、葡萄科、蔓榕等榕屬
植物、羊蹄甲、西番蓮、胡
椒、鐵線蓮、椒草、山藥。

第七章 胡椒、葡萄與其他蔓藤

葫蘆科、葡萄科、蔓榕等榕屬植物、羊蹄甲、西番蓮、胡椒、鐵線蓮、椒草、山藥。

蔓藤植物的基本需求就是要獲得更多的陽光，才演化出今日以快速的生長方式，將其他植物覆蓋過去的伎倆。一般來說，生長在陰暗環境的蔓藤，種類較少，在園藝市場上見到的耐陰蔓藤植物多半是天南星科，其次是錦葉葡萄、菱葉藤等葡萄科，以及薜荔、蔓榕等桑科植物。

雨林中，這類耐陰的蔓藤多半從林床開始攀爬，長在較陰暗的雨林下層樹幹，部分種類的葉型還分作成熟葉與幼葉。通常在陰暗的高濕環境中，以幼葉型態生長，一旦有機會長到高樹上（還沒到樹冠層），再長出又厚又大，看起來截然不同的成熟葉。這些耐陰的蔓藤可以栽植於家中日陰的環境，繞在窗台、鏡

白脈馬兜鈴*Aristolochia leuconeura*是觀花為主的馬兜鈴中少數以葉片取勝的種類，美麗的白脈散布全葉。

*Mucuna bennettii*是來自新幾內亞的火焰藤，橘紅的花宛如火焰般，可以採用紫藤的造園方式讓它攀爬於花棚上，等到它開花時便擁有個著了火般的花棚隧道。

框或任何造型支架上。

蔓藤的攀附方式以吸附根黏着於樹幹的最多，其次是以卷鬚纏繞的種類，如葡萄科、西番蓮科和葫蘆科，以及蘇木科的羊蹄甲屬等。還有部分是以勾刺固定於其他大樹，例如棕櫚科的黃藤類，這些植物種在家裡相當危險，一不小心便會被勾到、刺到，要特別小心。

*Petreovitex bambusetorum*是馬來半島密林中馬鞭草科的蔓藤植物，花朵一層層由上往下懸垂，在熱帶地區幾乎終年開花，而且植株可以在很低矮的時候就開始開花，近年來在東南亞廣為栽培。

葫蘆科 *Cucurbitaceae*

產於泰寮邊境石灰岩的蔓性葫蘆科植物，銀色的三裂葉片上布滿綠色葉脈。

產於婆羅洲中部的某種蔓性葫蘆科植物，葉面絨質具有複雜花紋。

葡萄科 *Vitaceae*

生長在婆羅洲沙勞越石灰岩森林中的葡萄科植物，葉多肉質，在適當陰暗的環境下，會展現出暗綠與銀白的強烈對比，當光線過於明亮時，這種對比色差會稍微黯淡，但仍無損其風采。對台灣冬季的低溫適應力頗強。

生長在新幾內亞低海拔森林中的某種葡萄科植物，葉片像披著一層金屬藍的光澤。

產於泰緬邊境的錦葉葡萄 *Cissus discolor*，是筆者認為當今世上該屬葉色最美麗的種類。

錦葉葡萄是園藝上最常見的觀葉蔓藤植物，葉片華麗，在英語系國家被稱為「蛤蟆海棠蔓」，平常見到的園藝個體來自爪哇。其實在東南亞地區這類葡萄藤分布很廣，在不同的產地有許多美麗的地區型，但少見於園藝栽培上。大多數的葡萄科植物對環境變化的適應力很強，即使在冬季因寒冷而落葉，但只要持續澆水，春季回暖後，多半可以再自莖部發出幼芽重新生長。

桑科植物是東南亞森林中常見的蔓藤植物，在生態複雜的雨林環境，主要靠著特定種類的小蜂授粉，因此一旦遠離雨林，便無法授粉結果。許多桑科植物靠著宿主的支撐，在明亮的樹冠高層結果。桑果也是雨林中多種鳥類與哺乳類的糧食。

很多人的印象裡，羊蹄甲是開著美麗花朵的喬木，其實這個屬有不少種類是攀爬於雨林中

產於蘇門答臘山區雲霧林的某種蔓榕，葉片左右不對稱，葉表凹凸不平。

蔓榕等榕屬植物*Ficus*

婆羅洲森林中的蔓榕，以幼葉型態攀附至高聳的樹冠之上，再於上方長出另一型態的成熟葉。

絨毛蔓榕*Ficus villosa*廣泛分布於馬來半島、蘇門答臘及婆羅洲，幼葉期佈滿長絨毛，成熟葉則是粗糙且堅硬如浮雕。

產於馬來半島中部山區的某種蔓榕，葉面為銀色，但新葉是粉紅色，觀賞價值極高。

羊蹄甲 *Bauhinia*

產於婆羅洲沙勞越森林中的蔓藤性羊蹄甲，葉片是深綠色配上銀白的花紋，需要遮陰且高空氣濕度。

金葉羊蹄甲藤 *B. aureifolia* 產於泰國南端的雨林中（馬來半島北部），在新葉成長的雨季，花朵雖小無觀賞價值，但佈滿金色絨毛的葉片會在陽光下折射，變成金閃閃的華麗植物。

的蔓藤，有的花朵相當華麗，也有些具有美麗的葉片色彩，已有不少被栽植在熱帶國家的花園中，攀爬於棚架上供觀賞。

西番蓮也是有名的蔓藤性觀賞花卉，很多人喜歡將它比喻成熱帶的鐵線蓮，其實兩者的開花模式很不一樣。鐵線蓮多是整片藤蔓一次開滿花朵，讓人印象深刻；西番蓮則是一朵朵地長期綻放，難見到一片花海的景致。西番蓮廣泛分布於熱帶地區，以美洲最多，常見的園藝栽培種類多為亞熱帶原生種所雜交育種的。由於這類園藝種能承受低溫與高溫，因此一些園藝發達的溫帶國家很早就著手於品種的改良，近幾年已有不少產於熱帶的原生種被用來育種。少部分美麗的西番蓮產在安地斯山的高地，但這類品種非常不適合在台灣栽培。西番蓮除了花朵美麗的種類外，也有不少是葉片造形特殊或葉色豔麗的，極具觀賞價值。

胡椒科的葉片多半具有金屬光澤，葉形和溫帶的長春藤類似，但更適合高溫多濕的地區。在陰暗的雨林中見到這

橙羊蹄甲藤*B. kockiana*分布在蘇門答臘及婆羅洲，目前在馬來半島等熱帶地區被廣泛利用為觀賞植物，開花時幾乎讓所攀附的棚架為之變色，像攀緣性的鳳凰木一般。（攝於吉隆坡市郊）

些美麗的葉片，往往讓人驚艷，不過至今只有稀少的幾種被納入園藝栽培的觀葉植物。其實它們除了葉色華麗細緻外，對陰暗環境的忍受度也不錯，只需做好冬季低溫的照顧。

　　胡椒科植物給人的印象是像胡椒或蔞花那樣藤蔓蜿蜒，其實還有很多種類是直立的小灌木，在美國已引起觀葉植物栽培者的注目。椒草也是胡椒科植物，但外表似乎變化更多，除了蔓藤性或蓮座型等著生於熱帶雨林的種類外，不少種類在熱帶美洲的乾旱地區演化成多肉植物的型態，以適應氣候環境的差異。一些園藝栽植的椒草品種很怕熱，如果天氣過熱，要緊急移到有空調的室內，以免多汁的莖葉在短時間內腐爛。椒草的組織和秋海棠類似，莖葉看起來飽含水分，它們擁有許多相同的習性：都喜歡空氣濕度高；介質要通氣、疏水性好；夏季夜溫如果超過25度，就要注意環境通風；高溫多濕往往是腐爛的主因，切記有些怕熱的種類在夏季需移到冷氣房。

西番蓮*Passiflora*

P. Belotii 由花朵大型的大果西番蓮與容易開花的紫色種交配而成，具兩者的優點，花色雖然較淡，但花朵繁多。

*P. racemosa*是巴西南部的亞熱帶種類，性質強健，花色是豔麗的橘紅色，但在高溫氣候下會褪成鮭粉色。此圖攝於高溫的曼谷。

*P. citrina*在多數開紫花或紅花的西番蓮屬中，擁有特別的黃色，花朵與植株不大，適合小盆栽培養。

圖中的紅花種*P. miniata*在過去經常被誤認為是*P. coccinea*，但兩者的花形還是有差異，本種喜歡高溫環境，在台北濕冷的冬季需注意日照不足的問題。

P. Blue Bouquet 是可愛的小花種，因為花瓣會往後翻，讓人有副花冠比花瓣還大的錯覺。

P. Purple Tiger 是大果西番蓮系統的交配種，花朵碩大。由於花朵多往下開放，建議搭棚架，以便能仰頭欣賞。

P. Incense 是最簡單培養的紫花系統，不畏冷熱，開花時芳香四溢，最適合初學者栽植。

P. foetida在亞洲已成為歸化的野生種，會結小小的果實，圖為淺色花個體。

圖為以P. trifasciata等觀葉種西番蓮雜交出的園藝種，在歐美除了以觀花為目的外，許多花朵不起眼但美葉的原種也被育種者雜交選拔出來。

P. coriacea的葉片像蝙蝠的翅膀，由於花朵小，多以觀葉為主。

葉片宛如雪花結晶的假西番蓮屬植物 Adenia perriei，長在馬達加斯加比較乾燥的熱帶季風林中。

P. trifasciata是西番蓮屬中葉色最為豔麗的原種，是有名的觀葉西番蓮。

紫葉胡椒 *P. porphyrophyllum* 的成熟葉片，成熟葉粗糙且質地硬厚，外觀和幼葉有很大差異。（攝於婆羅洲）

婆羅洲的某種胡椒，葉片上有銀白色的葉脈，和水晶花燭的葉色極為類似。

P. sylvaticum 主要分布中南半島及馬來半島的雨林，因地區性種類的變異，有不少人工選別的園藝種類被發表。圖為粉紅斑與銀白斑的園藝種。

產於新幾內亞森林中的某種胡椒，心形葉的表面布滿紫紅色的小碎斑。

產於新幾內亞密林中的某種胡椒，暗綠色的葉面上葉脈深陷，整片葉子看起來像浮雕。

產於婆羅洲深山中的某種胡椒，葉片上有類似紅網紋草的複雜花紋。

某種胡椒的出藝斑葉種，藝斑的型態與有名的金心長春藤如出一轍，是熱帶地區替代金心長春藤最好的植物。

產於厄瓜多的某種直立性胡椒，葉面粗糙，葉中心有淺黃色斑。

婆羅洲的直立性胡椒，暗綠色的葉片上有對比強烈的銀白色斑。

水盆中來自各雨林的胡椒葉片。

第七章 胡椒、葡萄與其他蔓藤◎233

鐵線蓮 *Clematis*

分布在泰國的高溫性鐵線蓮，花萼是極為特殊的紫黑色，和白色的花蕊相襯，格外搶眼。

Viticella group的紫花交配種，在冬季低溫不足的亞熱帶，*Viticella* group會在春季伸長的枝條上直接長花芽，夏天修剪後偶爾可在秋季再開一次。

以德州鐵線蓮為育種根基的*Texensis* group之粉紅色花交配種「黛安娜王妃」，也是利用春季生長的枝條直接抽花芽，不需要冬季低溫來刺激花芽生長，適合亞熱帶地區培植。

Viticella group的淺藍色花交配種Hanna，花色是迷人的淺藍色，在氣候炎熱的季節此花頗消暑氣。

椒草 *Peperomia*

某種厄瓜多產的椒草，葉片花紋有三色重疊現象，很難讓人相信擁有這般複雜花紋的植物，居然是野生原種。

*P. maculosa*是體積巨大的蓮座型椒草，有些植株葉片超過1尺，有華麗的銀紋葉脈，在夏季需注意高溫多濕，否則容易腐爛。

*P. bicolor*分布在祕魯，著生在熱帶季風林的樹幹上，葉片有銀色脈紋。

P. polzii 產於祕魯，著生在雲霧林樹幹上的椒草，葉分為休眠葉與生長葉，圖中為休眠葉的多肉植物造型，夏季的生長葉會轉變為一般平常的直立性椒草葉型。

產於祕魯熱帶季風林的*P. rotundifolia*，生長方式極類似亞洲的伏石蕨或風不動。

產於祕魯熱帶季風林樹幹上的某種椒草，紅色葉有綠色葉脈。

山藥 *Dioscorea*

異色山藥*D. discolor*可說是這屬中葉片最華麗的物種，在台灣於春夏間生長、冬季休眠；在熱帶季風地區則於乾熱的季節休眠，稍微涼爽的雨季開始生長。

某種近似異色山藥的種類，生長在南美洲森林中的峭壁。

第八章
著生杜鵑
與野牡丹

著生杜鵑、樹蘿蔔、野牡丹科
（野牡丹藤、錦香草、蜂鬥草
等）。

第八章 著生杜鵑與野牡丹

著生杜鵑、樹蘿蔔、野牡丹科（野牡丹藤、錦香草、蜂鬥草等）。

著生杜鵑
Rhododendron

　　熱帶美洲森林的樹幹上，有許多開著花朵的著生植物，例如鳳梨、仙人掌、蘭花和苦苣苔等；在熱帶亞洲的雨林中，除了蘭花，有著美麗花朵的植物大概就屬著生杜鵑與野牡丹藤最為耀眼。

　　杜鵑花的故居在川滇縱谷，各種型態的杜鵑繁衍在重山峻嶺間，其中有一支杜鵑家族利用特化、具有飛行能力的種子，自冰河期起散布於整個東南亞島嶼，甚至大洋洲的部分區域，這就是著生杜鵑。著生杜鵑的葉片具有鱗片，有別於一般常見、葉面有毛的平戶杜鵑，也不同於高山才有、葉面是硬葉革質的玉山杜鵑。

這類杜鵑沒有硬厚的葉片或細毛，而是以鱗片構造來保護新生的

著生杜鵑在野外原生地多是長在高樹上，最常見到的是在步行的森林途中，飄落地面的花朵。

著生杜鵑附生在高樹上的姿態，和一般人對著生蘭科植物的印象完全一樣。

著生杜鵑的新芽生長方式多是一層層輪生葉片的生長，圖中葉片才剛張開的階段是很恰當的摘芽時期，再晚就嫌太遲了。

摘芽後分枝的新芽生長的樣子，等下一次抽芽時，可以再摘芽一次，如此便會越來越茂盛。

有些分枝特別好的種類，一次摘芽便可以分枝這麼多。

許多枝條匍匐性的種類，適合吊盆栽植。

嫩芽，等葉片逐漸伸展後，鱗片開始脫離，葉片成熟後多數會掉落。

新幾內亞分布最密集

已發現的著生杜鵑原生種數量約佔杜鵑屬的三分之一，其中物種分布最密集的區域是新幾內亞島，除了青藏高原外，那裡有最多的高山與峽谷，讓生性喜歡冷涼環境的杜鵑可以大量繁衍。光是產在新幾內亞的種類，便超過其他東南亞各島嶼的總和。

著生杜鵑的根系不像蘭科植物有海綿組織可以儲存水分，無法直接附著在樹幹上，需要靠樹皮上的苔蘚提供長期穩定的溼度，所以絕大多數的著生杜鵑都生長在熱帶高山地區的雲霧林。少數種類的著生杜鵑具有較強的適應力，將生長環境擴張至熱帶低地，著生在石灰岩壁上的腐植質或海邊紅樹林的枝條上，甚至礁岩的縫隙間。歐洲人於大航海時代抵達亞洲時，最初接觸到的便是這些生長於熱帶低海拔的杜鵑，並將它們帶回歐洲的溫室培植、育種。但

高性與枝條直立的種類，適合地植與花園栽植。

生長在婆羅洲中部肯拉必高地的 *R. durionifolium*。

廣泛分布於婆羅洲山區的白花原種
R. suaveolens。

自從許多植物獵人發現了隱藏在喜馬拉雅山及雲南的杜鵑寶庫後，歐洲各國開始著迷於這類耐寒的美麗花朵，著生杜鵑於是漸漸被遺忘，直到二次世界大戰後，美、澳、紐等國開始重視太平洋地區未知區域的開發，許多美麗的著生杜鵑才陸續被介紹至全世界。

著生杜鵑偏愛冷涼且終年恆定的熱帶高山氣候，澳洲及紐西蘭等地

分布在婆羅洲沙巴山區的*R. javanicum* ssp. *kinabaluense*是當地的特有亞種。

產於婆羅洲沙巴高山雲霧林的*R. polyanthemum*。

產於婆羅洲沙巴高山雲霧林的*R. rugosum*。

白花園藝種著生杜鵑。

黃花園藝種著生杜鵑。

橘花園藝種著生杜鵑。

亞熱帶的夏季還是太熱了，當地的育種者多將分布在低海拔的種類與較容易培植的高海拔種類相互雜交，有的育種者甚至還將百年前歐洲溫室遺留的早期低地交配種納入育種行列。經過幾十年後，這些著生杜鵑擁有許多川滇種類的改良種所沒有的特殊色彩，再度受到歐美園藝愛好者的重視。

著生杜鵑的成員血緣比較接近，所以多數

粉紅花園藝種著生杜鵑。

鮭魚粉色園藝種著生杜鵑。

紫紅花園藝種著生杜鵑。

複色花園藝種著生杜鵑。

是可以相互雜交的，直到今日，在新幾內亞一些未知的深山峽谷中，還有許多原生種被陸續發掘。夏威夷目前也已經開始著手育種，也許未來在這熱帶島嶼上會有更多美麗的園藝種。今日所看到的不同色系園藝種，多來自幾個容易栽培的原生種跟其他類似花色所雜交的。例如紅色系受到 *R. viriosum* 的影響，多

半比較低矮且分枝繁多。黃色與橘色系的花型則是因為大量引用 *R. laetum* 與 *R. zoelleri*，植株多半高聳且少分枝。白色系的園藝種則含有 *R. jasminiflorum* 與 *R. konori* 兩個差異很大的原生種，植株多半分枝良好，花朵多具有兩個親本的香味。粉紅色系多半具有 *R. orbiculatum* 的血統，植株較低矮。將來或許會有更多原生種加入雜

交，各色系的差異將更大，共通性也會越來越少。

進入熱帶雨林，想一睹著生杜鵑開花的風采並不容易。為了獲取足夠的陽光，它們大多長在高聳巨木的樹冠層，或陡峭、高過樹冠層的石灰岩壁上。

以摘芽取代修剪

在家中栽培著生杜鵑，選擇交配的園藝種

紅花園藝種著生杜鵑。

會比野生的原生種要容易許多。一些低海拔的原生種，受制於台灣的氣候，在移植到人為環境後，往往一年只開一次，無法像在原生地那般整年開花。

除了要選擇通風之處栽植外，也要注意日照問題。在陽台上培植以朝南或朝東的方位最為適合，可以得到適量的直曬日照。朝西的陽台要注意夏季過熱的強光，盛暑時刻需要50%的遮網，以避免灼傷。朝北的陽台會因為日照不足而導致植株徒長或生長緩慢，並非適宜的場所。如果栽植於庭園中，則要在高溫的5～10月做遮光管理。

介質以珍珠石或細碎的蘭石為主，混入等量的碎樹皮或蛇木屑，也可以只用碎樹皮，但要注意濕度管理。椰子殼或水苔等容易分解的材質，對於壽命長且不喜歡經常被騷擾根部的著生杜鵑來說，並不合適。特別要注意的是，著生杜鵑不喜歡修剪，最好的方式是採取摘芽方式來控制植株的高度。著生杜鵑的生長方式大多以輪生葉一層層往上長，每一輪中心的主芽抽出新芽點時，周圍輪生葉的葉腋中都有潛芽後備，如果主芽被剪去或遭到其他動物危害損毀，潛芽便會開始生長，替代被破壞的主芽；利用這些潛芽，我們可以將植株塑造成自己想要的型態。

如果等整段枝條都成熟，再以剪刀自枝條中段剪斷，那被剪斷處的潛芽多半會失去活性，僅能再冒出一根替代的新芽，或是整段變成沒有新芽的盲枝，這也是不建議採用修剪方式控制生長勢的原因。若是植株已成細長狀，可以在枝幹接近根部的位置強行折枝，但不要折斷，也就是呈半裂開的狀態，幾個月後可以在傷口下方見到數個新芽，等這些新芽生長到適當大小時，再將那根被半折的主枝剪去。如果株勢不夠健壯，不宜貿然採取此方式。一般來說，大葉型的種類和橘黃色系的種類，特別需要人為的摘芽。

繁殖可以採取扦插方式，植株發根的時間依種類需要數月到半年。扦插育苗期要維持高溼度；扦插苗在發根後，約需2～3年才會開花，若是採取播種的實生苗，則需要5年或更久的時間。著生杜鵑適宜栽植在假山石縫中，或附生在有噴霧系統的樹幹上。如果想在露天花園種植，建議將樹苗倒出盆，周圍堆高樹皮，不要將盆栽的根團埋入土中。此外，有很多品種適宜吊盆栽培。吊盆以透氣的素燒盆為佳，若採用塑膠盆，不妨選擇周圍有孔洞的，或多孔的塑膠籃。

由於著生杜鵑來自樹幹而非土壤的環境，吸收的養分和一般植於土中的杜鵑有很大的差異，對三要素的需要，依多寡分別是氮、鉀、磷，不要施用高磷比例的肥料。應避免在高溫的夏季施肥，最好在夜溫變涼的秋季或春季。

樹蘿蔔
Agapetes

樹蘿蔔也是杜鵑花科的成員，因為根部有人蔘榕一般膨大的組織，像是樹上長出蘿蔔而得名，在歐美有不少園藝種，是溫室中常見的美麗植物。它們也和著生杜鵑一樣，附生在樹幹上，但不同的是，樹蘿蔔結的是藍莓般的漿果，讓鳥類食用後以排泄的方式散布傳播。

樹蘿蔔的分布大約和著生杜鵑重疊，也是分布於東南亞，經新幾內亞遠達澳洲，甚至往北分布到中國西南部境內的高山和喜馬拉雅山南麓，如尼泊爾及不丹等地。很多北方高山種並不適宜在台灣平地栽培，初次栽培時一定要注意物種的原生地。

原生於馬來半島森林中的樹蘿蔔，本種的花朵相當大。

原生於泰國東北部接近寮國山區的樹蘿蔔。

原生於泰國北部山區的樹蘿蔔。

花期多數集中在春季，經過冬季的低溫期後可以看到葉腋間抽出花梗。開花的方式依種

*Siphonandra elliptica*是南美洲山區的著生杜鵑科植物，花形和樹蘿蔔極為相似。

類而異，大葉的種類長出花梗後，花梗前端多半會有許多花朵怒放，小葉的種類則是朵數較少的花梗自葉腋抽出，然後整個枝條排滿花朵。樹蘿蔔的介質以及澆水等管理方式和著生杜鵑相同，光照也相當近似，只是修剪時不至於像著生杜鵑那般敏感。一般來說，樹蘿蔔的生長勢比著生杜鵑慢，也比較有季節性，在春季發新芽的機率較

高，不像著生杜鵑只要氣候適宜就能終年生長。夏季高溫時，不耐熱的北方種會有新生葉片白化的情形，只能等秋季溫度降低後讓新生綠葉來替換。

中南美洲的雨林中，也有數種類似樹蘿蔔的杜鵑花科著生植物，植株基部也呈膨脹狀。

野牡丹科
Melastomataceae

野牡丹科的植物在熱帶亞洲森林中，最受矚目的是攀附在樹上的野牡丹藤，這個屬分布得相當廣泛，由東非經馬達加斯加島至整個東南亞島嶼，在台灣南部的森林也可看到。一提到野牡丹藤，許多人馬上想到花市常見的寶蓮花，那巨大的苞片包裹著眾多的小花，如粉紅色葡萄懸掛在枝條上，可與這華麗的花朵相匹敵的，少之又少。很多書籍都說寶蓮花來自菲律賓，但是筆者在菲

在原生地，樹蘿蔔大多將根部扎入樹幹上的苔蘚中，附生於樹上，基部肥大的莖幹便是被稱為「樹蘿蔔」的原因。

野牡丹藤*Medinilla*

圖右是野生型的*M. magnifica*；圖左是某種小型的野牡丹藤，分枝性強，容易開花。

花梗直立的白花種野牡丹藤，花朵與葉片均屬大型，喜歡冷涼的環境。

來自菲律賓的某種野牡丹藤，葉片細長，花朵多為白色搭配著紫色的子房與粉紅色的花梗，性質強健，容易開花。

*M. whitfordii*是有粉紅色大型花朵和直立花序的種類，盛開的花序像繡球花一般。

律賓看遍各式各樣的野生野牡丹藤，就是沒見過野生的寶蓮花，最後找到賣寶蓮花的苗圃，得到的答案竟是：「這花是從荷蘭進口的。」我真無法相信，這別名為馬尼拉牡丹的植物居然是荷蘭進口的！後來我在採集野生植物的花販那裡，找到一種來自呂宋島山區、葉片類似寶蓮花的植物，經過數年的栽培，終於開出花來，這花和寶蓮花相近，但苞片很小。這時我才想到，市面上的寶蓮花應當是荷蘭人或某位菲律賓人自野外找到的一株特殊、具有大苞片的變異個體，經過荷蘭人的繁殖與選別，才行銷到世界各地。

野牡丹藤和著生杜鵑一樣，也來自樹上，栽培用的介質相同，盡量別在介質中添加泥土，以避免爛根。光照要比著生杜鵑少一些，整年只要有明亮的環境即可，夏季絕對要避免直射日照，冬天可接受柔

M. cumingii 的粉紅色花序與紫色的果實搭配著 *M. scortechinii* 所開的橘色花朵，讓原本灰暗的牆壁顯得極為豔麗。

和的陽光。在不適合培養著生杜鵑的北面陽台，試著栽植野牡丹藤會是不錯的選擇。

野牡丹藤的葉腋間常可見到許多氣根，這些氣根若接觸

園藝種的 *M. magnifica* 是野牡丹藤屬中最奪目的種類，也是眾人說的「寶蓮花」。

錦香草 *Phyllagathis*

來自蘇門答臘的錦香草，巨大的葉片上有美麗的珍珠斑點。

來自馬來半島北部馬泰邊境的森林，在日陰的光照條件下，會閃爍出金屬光澤的藍反光。

產於婆羅洲沙勞越中部的錦香草，灰色的葉片具有棋盤格子般的葉脈。

到潮濕的介面，會黏在上面，因此如果家中有較大的野牡丹藤，可以換到較大的盆子中，四周立上蛇木柱，以鐵絲圈住並固定，當植株莖幹伸長到碰到蛇木後，會扎入氣根，讓植株更加壯大。如果野牡丹藤越長越長，可以試著讓它靠著牆壁延伸，並且固定好支條；如果植株沿著北面陽台窗口上方繞一圈，開花時往窗外看，會看見有如粉紅色葡萄串的美景。

野牡丹藤的葉片很持久，即使沒開花，單是賞葉也很美。花期依種類的耐熱性而有差異，像寶蓮花這類來自較高海拔的種類，多半在深秋至翌年初夏，夏季會休息一陣子；來自熱帶低地雨林的種類，花期多集中在夏季至初冬。多數種類在花後還會結紫色的小果子，如果希望植株不要浪費養分，建議直接剪去。

在熱帶亞洲森林的林床陰暗處，生長著幾種

蜂鬥草 *Sonerila*

產於婆羅洲沙巴高山雲霧林中的某種蜂鬥草，葉脈上有著宛如油漆塗抹的奇特白色斑紋。

產於蘇門答臘高地雲霧林中的蜂鬥草，葉片上布滿著華麗的斑點。

產於馬來半島泰馬邊境森林中的某種蜂鬥草，葉面具有特殊的粉紅色斑點。

泰國森林中的各種蜂鬥草，即使是同一種，也因為地域型的差異，斑點有很大的不同。

葉片美麗的野牡丹科植物，例如錦香草或蜂鬥草，但在園藝上極少被栽培利用。因為這類野牡丹需要非常高的空氣濕度，在家中培植，最好使用玻璃花房，若直接放在戶外，即使有遮陰，還是容易受到空氣濕度改變的影響，造成植株衰弱。

野牡丹科植物分布最密集的地方是熱帶美洲，多產在陽光充足的熱帶季風林的林緣地帶，或陽光充足的巴西高原。巴西野牡丹移植到台灣，生長順利，但如果家中的日照不夠，便不適合培植。在熱帶美洲的密林中，還有許多美麗的野牡丹科植物，像大葉野牡丹或華貴草等，都是極美麗的觀葉植物，不需要強烈的光線，只要避免強風，適宜栽植於陽台。

大葉野牡丹屬*Miconia calvescens*在夏威夷是惡名昭彰的雜草，它對空氣中的乾溼變化很敏感，在乾溼變化劇烈的居家環境要小心呵護。

跟巴西野牡丹同屬的銀毛野牡丹，雖然紫色花朵直徑無法與之相比，但銀色絨毛的葉片卻相當特殊。

厄瓜多雨林中的某種野牡丹科植物，葉片上的銀色條紋雖少，卻讓人印象深刻。

*Bertolonia maculata*是華貴草屬中最有名的的觀賞植物，葉片上的銀斑搭配暗黑色的葉面顯得格外搶眼，在夏季於清晨開出美麗的粉紅小花。

產於婆羅洲石灰岩森林中的野牡丹科植物，花朵開在葉片脫落的葉痕上，葉面布滿細毛，相當華麗，但需要恆定的高濕度，加上植株巨大，因此不易栽植。

安地斯山東側的雨林是野牡丹科植物分布的大本營，成員多散見於難以數計的山谷中，圖中是一種森林先驅植物，多長於林緣等環境，葉表凹凸如洗衣板。

第九章
秋海棠

直立莖性海棠：叢生性海棠、四季海棠、竹莖海棠。

球根性海棠：球根海棠、亞洲球根海棠、麗格海棠、聖誕海棠。

根莖性海棠。

第九章 秋海棠

直立莖性海棠：叢生性海棠、四季海棠、竹莖海棠。
球根性海棠：球根海棠、亞洲球根海棠、麗格海棠、聖誕海棠。
根莖性海棠。

秋海棠是植物界最大的一屬，超過1500個原生種分布於熱帶與亞熱帶的各個角落（除了澳洲）。植物界中沒有其他屬像秋海棠一樣，擁有如此變化多端的葉片造型，因此很多人即便沒有陽台，在僅靠少許光線照射的窗台便搜集了令人驚訝的種類。又因為它們很容易無性繁殖，不少人以交換新種得到更多友誼，這和另一個龐大的雨林植物家族──苦苣苔科一樣，是園藝界中能以蒐集為樂趣，普受許多女性喜愛的友誼植物。

秋海棠的原生種及園藝種的種類繁多，是日陰花園的園藝愛好者熱中蒐集的種類。

若依園藝學從外觀做簡單的分類，秋海棠大約分成直立莖性、根莖性、球根性等，其中直立莖性還分成很多類，像是四季海棠、叢生性海棠、竹莖性、蔓性、多肉莖性等等。球根性則是具有地下莖的種類及其衍生的雜交系統，像是球根海棠、麗格海棠、聖誕海棠等。若依植物分類學以血緣上的親疏距離來分類，這龐大的一屬至少可分成49個節，同一節的原生種

具有較近的親屬關係，花朵構造和開花方式比較接近。不少的節，成員外觀包含了直立莖性或根莖性種類。在育種上，分類中相同節的成員彼此雜交會有較高的成功率，但一般栽培者只需記得一般的園藝分類即可。

野地裡的秋海棠

Begonia

　　一般而言，直立莖性海棠在森林中多半直接長在林緣的林床上，少部分像是婆羅洲的一些直立莖性原生種會長在石壁上，一些南美洲或熱帶西非的蔓性種類會從森林底層攀爬到樹枝上。而根莖性的原生種則多長在山區的石壁或洞穴中，很少直接長在林床。至於球根種分布的環境，多半會有一段乾燥期，因此在落葉後需靠球根或多肉質的莖來度過乾旱。這類原生種的棲息環境與根莖性

產於婆羅洲沙勞越西部石灰岩山區的*B. pendula*，多長在日陰的岩縫，自岩壁上懸垂生長。

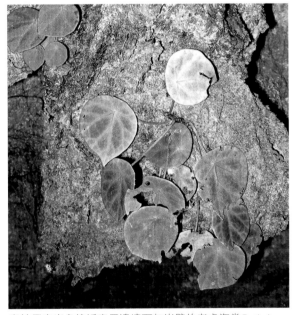

產於馬來半島接近泰馬邊境石灰岩壁的老虎海棠*B. tigrina*，在原生地多生長在滴水不斷的鐘乳石上。

分布於蘇門答臘西部石灰岩山區的 *B. goegoensis*，已被園藝栽培超過百年。

產於婆羅洲西部石灰岩山區的 *B. rubida*，有許多外觀差異甚大的個體。

原產於婆羅洲北部的叢生型秋海棠 *B. malachosticta*，植株挺立的型態和南美洲原生的竹莖型海棠及其園藝種近似，極易被誤認為是園藝植物溢出野外。

秋海棠類似，大多長在石壁上，雨季結束後便無法得到水分。

　　直立莖性的種類因為直接長在土面上，因此多半具有龐大的根系，介質也需要較恆定的溼度，所以盆子一般比較大，且必須注意介質的保濕。雨林中，直立莖性的海棠需要以長高的植株和其他植物競生，因此需要穩定的水分及比較多的養分，這些都是自然環境可以供給的。

　　匍匐生長於盆中的根莖性海棠，在競爭激烈的熱帶雨林中多長在石壁上，以石灰岩裂縫的有機質，或靠近河床和瀑布石壁上的苔蘚為介質。這些介質多是淺淺的一層，因此根部需要很好的通氣環境，如果介質中的通氣不夠好，便容易爛根。選擇水苔或混合大量疏水材質的泥炭介質，可以讓植株長得很好。部分葉面華麗的婆羅洲或新幾內亞產的直立莖性海棠（多是 *Petermannia* 節的成員），生長環境也和這些根莖性海棠相同，

須以通氣性好的介質栽植。這些在野外的環境狀態，直接影響到種植時的介質調配。

直立莖性的海棠中，最常見的是竹莖性系統的雜交種和四季海棠，多是以原生於巴西大西洋山脈或巴西高原的幾個近緣的節雜交而成。

多數根莖性海棠生長在終年潮濕的赤道降雨林或山地雲霧林；少數分布於熱帶季風林山區的種類，在冬季或乾旱時，會以落葉的方式僅留下根莖來度過冬季或旱季。這樣的生長習性已經和球根性種類極為相似。在東南亞便有一類生長習性介於根莖及球根性海棠的種類，在雨季以類似根莖般的莖匍匐生長在石壁上，但是莖節會在苔蘚或石壁裂縫中長出小球根，當乾季來時這些匍匐莖和葉子全部乾掉，只利用那些小球根來度過嚴酷期，這點和其他生長在南美及南非的球根種有類似的習性。

產於婆羅洲姆祿國家公園*Petermannia*節的某種秋海棠，植株挺立於林床上的落葉層，不致被其他植物覆蓋而遮蔽日照，大面積地生長在森林的地表，強勢的生長性讓其他植物無法與之競爭林下微弱的光線。

產於馬來半島山區的孔雀海棠*B. pavonina*，在相機閃光燈的映照下，發出令人驚艷的藍反光。

*B. bracteosa*為直立性叢生種，產於祕魯安地斯山群，花朵醒目且有多種色系，比亞洲產的秋海棠美艷。

產於安地斯山中海拔雲霧林的某種巨大之直立性海棠，不少植株莖幹接近5公尺，儼然像喬木。

B. convolvulacea 是生長強勢的蔓性海棠，在原生地像黃金葛般於樹幹上蔓生，圖為亞馬遜河上游森林中的植株。

栽培要領

嬌貴的莖葉

秋海棠的莖葉比較多肉質，只要稍微擠壓便會碎裂，在自然界中算是比較嬌弱，當生長環境有顯著改變，如季節變化劇烈或自野外移到人為環境的空間等，植株會遇到強大的生長壓力，加上秋海棠本身根部吸水性不佳，很多時候植株會變得衰弱，甚至死去。特別是植株體積越大，當壓力出現後，常因此出現葉片水解或莖節暴裂等可怕的現象，很多人誤以為是病害，於是噴灑藥劑或更換栽培環境，但適得其反。其實如果趕緊剪一段還算健康的莖或葉片來無性繁殖，可能還能保種。相較於無性繁殖的小苗，有性繁殖的

四季海棠

重瓣園藝種，這類花瓣繁複的種類要避免雨淋，以免花瓣腐爛。

四季海棠對環境的溼度變化忍受性強，因此成為最廣泛運用於花壇栽植的系統。

叢生海棠

產於巴西東南部海岸山脈的*B. luxurians*，有著鵝掌藤或大麻般的奇特掌狀複葉，成熟植株近4公尺高。

*B. Maurice Amey*為竹莖海棠與蛤蟆海棠的交配種，這系統被稱作Mallet type，多承襲兩親本的優點——美葉與多花，缺點是性質衰弱與生長緩慢。

*B. egregia*產於巴西里約附近的森林中，葉片外觀和某種蓼科相像，很能適應環境的變化，容易栽培。

*B. venosa*產於乾燥的巴西高原，厚實的葉佈滿銀色絨毛，莖節上還有葉托衍生如隔熱層的外衣，造型相當獨特，是許多耐旱性雜交海棠的親本。

*B. peltata*原生於墨西哥的乾旱地，莖幹肉質，新生的葉片佈滿銀白細毛以抵禦強光，之後會逐漸脫落。雖然耐曬，還是要適當澆水，若介質乾透，植株會產生生理障礙。

B. brevirimosa ssp. *brevirimosa*是產於新幾內亞的原種，此亞種的葉色和一般常栽培的亞種ssp. *exotica*略有不同。

*B. olsoniae*是產於巴西海岸山脈的矮性叢生種，常讓人誤以為是根莖型，其實植株的莖幹是斜生的低矮狀態。具有絲絨般的葉片，要避免灰塵沾染。

B. chlorosticta 產於婆羅洲中部的花崗岩山區，葉片具奇特斑紋，對空氣濕度的變化較敏感，需要維持適當的高空氣濕度。

B. Stormbird 是匍匐性海棠交配種，葉片多為肉質，不喜歡長期淋雨，要避免盆土過濕，適合吊盆栽植。

*B. integerrima*為產於巴西海岸山脈的蔓性原種，攀爬於樹上，適宜吊盆栽植，每年只在春季開花，花朵具有春蘭般的清香。

「芳香美人」*Begonia* Fragrant Beauty 是 *B. integerrima*及*B. radicans*兩個巴西的蔓性海棠原種的雜交種，植於吊盆可下垂約達1公尺，花期只在春季，陽光下散發清香。

竹莖海棠

白花交配系統。

粉紅花交配系統。

B. Looking Glass為少數以觀葉為主的竹莖型海棠之一，花朵較不顯眼。

B. maculata是花葉俱美的原種，即使不開花，單是欣賞葉面的銀白色斑點也很值得。本種也是竹莖型海棠交配族群最重要的親本。

芳香海棠B. odorata是產於加勒比海瓜德路普島（Guadelupe）的竹莖海棠原種，因為它的加入育種，有不少交配種擁有讓人愉悅的香氣。本種在栽培時因為不常開花，已少為人們栽植。

種子實生苗會有較大的環境容忍性，一些原本對環境很挑剔的種類，經過人為以種子實生苗多代選拔，讓不少原本很挑剔的原生種適應了人為的栽培環境。

光與濕度的需求

直立莖性及球根性海棠（這裡指的是南美的園藝雜交系統），至少需要像窗台或陽台等可以接受短時間陽光照射的環境，若只有室內窗口或需採用人工照明，就只能選擇耐陰的根莖性或少數來自東南亞密林的球根種。

直立莖性的海棠多半需要較明亮的光線（夏季不要讓陽光直曬太久），因為原生地的地理位置也在迴歸線左右，算是熱帶與亞熱帶交界的區域，栽培管理在台灣來說算簡單，只要注意光線及定期更換介質，相信可以常常見到花開。這類秋海棠的花朵多呈懸垂狀，非常適合用吊盆或半邊盆；由於植株抽出的筍芽會越長越高，甚至超過預定的高度，建議當筍芽長到適當高度時，就摘芽讓它分枝，如此一來，不但高度可以維持在適當範圍，分枝更多後花也可以開得更茂密。部分原生種具有花香，擁有其他秋海棠族群所沒有的芳香園藝種，有的近似桂花香，有的類似荼薔薇香，有的幾乎是春蘭般的香。

也屬於直立莖性海棠族群的多肉質海棠，算是比較少見的種類，由於多來自較乾旱的巴西高原，和一般秋海棠相比，更適宜濕度比較缺乏的場所。這類秋海棠需要更疏水的介質，以免在雨季根部腐爛。但別因為它比較多肉，而誤以為是耐曝曬的多肉植物，在夏季還是別曬太久。來自南非東部的塊莖海棠是讓人驚訝的族群，它們的莖幹膨脹如沙漠玫瑰，枝條前端開出花朵，管理方式和一般多肉性海棠相似，很容易管理。

直立莖性海棠，莖幹不具形成層，因此莖不會越長越粗，但會像竹子一樣長出新的筍芽，這些筍芽在吸收足夠養分後，會長出更粗的莖取代舊的枝幹。但在盆栽的環境下，土壤是有限的，除了養分減少外，老根逐漸將盆中的空間佔滿，使得新的筍芽越來越衰弱。所以栽培直立莖性的海棠1～2年後，要更換大盆子，或移除一部分的老舊介質，加入新介質。

球根園藝種的栽培

許多人喜愛來自南美熱帶季風林高地的球根園藝種，它們在冬季乾旱期休眠，在夏季冷涼潮濕的季節生長，在台灣的高地可採用近乎野放式的管理來栽植，但是平地的夏季溫度超過它可以接受的範圍，得用人為的方式調整。

這類球根在春季偶

球根海棠

安地斯山產的*B. pearcei*是構成今日球根海棠的重要親本，也是黃花系統的園藝種（包含所有球根、麗格和部分竹莖海棠）等的祖先。除了豔麗的黃花之外，葉上的斑紋也不輸其他美葉的原種。

粉紅色系統的球根海棠園藝種。

爾可以看到有人販售，選購還沒發芽的，將它儲存於乾淨的蛭石中放在冰箱下層冷藏，直到秋季溫度下降時再拿出來栽培。當夜溫降到20度以下時，要從冰箱移出，開始催芽。先找個小盆子或淺容器，鋪上乾淨的蛭石與泥炭土混合的介質，略為覆蓋球根後澆水，待新芽開始萌芽且根部長出時，定植於5吋大小的盆子。由於它的原生地已經遠離赤道，接近祕魯與玻利維亞的山區，比較類似台灣迴歸線下的日

照，夏季會有較長的日照期，在冬季短日照時要以人工照明補光。

例如在大約半夜時照射足夠的時間，讓它們覺得夜晚變短了，這樣在種植後2.5～3個月後便開始開花，此時可將它掛在晚上能照射到居家活動光源的空間。4月溫度上升後，在太陽出來前以黑布罩住植株，或將它移到黑暗處，到近中午再接受日照，或中午過後移到陰暗處。經過這種短日處理，植株會開始生長緩慢，配合減少澆水，待

莖部與球莖交接處產生離層，脫離後便可以斷水，當土完全乾後，挖起來儲存於冰箱，等待下次生長期的來臨。

麗格海棠是花市常見的盆花，花朵不易脫落，且可維持數朵在花梗上，常常呈現花團錦簇的狀態，不像球根海棠只要稍微搖晃，花朵便紛紛落下。麗格海棠是球根海棠與阿拉伯紅海上的索科特拉島特產的索科特拉海棠雜交選拔出來的，算是遠源雜交，無法產生種子，只能以扦插繁殖。由於親

產於泰緬邊境的某種小型球根型海棠，宛如魟魚的圓形葉緊貼著垂直的岩壁。

產於泰國南部石灰岩地的某種中型球根型海棠，葉片具有銀色環狀花紋，搭配暗黑的絨質葉面，色彩對比強烈。

亞洲球根海棠

*B. picta*產於喜馬拉雅山，除了葉面有逗趣的黑斑外，花朵還具有百合般的香味，是球根海棠中少見的種類之一，不耐夏季高溫，需要有冷氣降溫。

分布於泰緬邊境石灰岩山區的某種中型球根性海棠，灰綠色的葉片像噴灑了銀色與粉紅色的碎斑，需高且恆定的空氣濕度。

分布於泰寮邊境砂岩上的某種球根海棠，在岩壁上多僅有數枚葉片，葉色是螢光般的綠色配上紅色的葉脈，在陰暗的生長環境很顯眼。

產於泰緬邊境石灰岩的某種球根型海棠，掌狀葉，可比手掌還大，生長期葉片不多，每株多維持3～4片。

麗格海棠

較早期的交配種，重瓣的雄花之花瓣很多，像極了小一號的球根海棠，雖然整團花序開起來不像荷蘭種那般繁盛，但花期可延續到5月。

荷蘭育種的粉紅色園藝種，這類市場佔有率很高的種類不耐台灣夏季的高溫，多半需要每年更新購買。

聖誕海棠雖然花型簡單，但花朵之繁茂絕對勝過其他種海棠，只要避開淋雨的場所，花朵可以維持很久，幾乎是種完美的盆花。由於兩親本皆來自乾燥環境，須待介質完全乾了再澆水。

本皆來自乾旱地，不需太高的空氣濕度，葉子若積水，反倒容易感染黴菌，因此澆水時一定要避開葉片及花朵等由上方直接灑水。由於它是多年生不耐熱的常綠植物，難以熬過高溫的夏季，多半熱死後於冬季再購入。

根莖性海棠的栽培

　　根莖性的海棠算是分布最廣泛的，園藝上常見的種類大多是以亞熱帶原生種所育種出來的雜交種，例如來自雲南

或喜馬拉雅山系統的蛤蟆海棠和鐵十字海棠的園藝種、墨西哥的老虎海棠和地毯海棠的園藝種等。這類海棠具有適應亞熱帶多變氣候的能力，冬季若氣溫過低，有時會落葉，僅靠地表的根莖越冬，而夏季對高溫的適應力也比來自赤道雨林的種類要強許多。冬季低溫期過後開始抽花梗，如果不希望因結種子而影響日後的生長勢，可以剪除花梗。此外，要將走到盆緣的走莖剪下來，換種到別盆，如此能生生不息，繁殖得越來越多。

荷葉海棠 *B. nelumbifolia* 廣泛分布於墨西哥南部至哥倫比亞之間的森林，生育性很強，在台灣可以簡單栽植，由於體積龐大，適合地植於樹蔭下。

麗紋秋海棠 *B. kui* 產於北越的石灰岩，植株跟隨進口台灣的拖鞋蘭在台繁殖，相對於原生地的稀少，台灣市場反而常見。難耐高溫，且易感染炭疽病，不適合入門者。

至於部分來自赤道雨林，需要超高空氣濕度的種類，對環境的變化相當敏感，可用生態缸或玻璃花房的方式培植，使用水苔或泥炭介質。但栽培久了，介質一樣會酸化或積存過多的鹽分，因此也需要定期更換介質。有很多海棠在雨林中是長在洞穴裡，當陽光穿透茂密的樹冠層，散射到洞穴裡，只剩非常少的光線可行光合作用，因此這些植物非常適宜栽植在室內光線不足之處，只靠一點光源便長得很好，建議以小巧的透明容器在室內栽培，將小容器擺在辦公桌上，只靠桌燈便足以養活。

根莖海棠

地毯海棠*B. Black Jewel* 的交配系列，色彩比銀色寶石要暗，因顏色搭配對比強烈，很受蒐集者注目。

蛤蟆海棠的交配種，是觀葉海棠中顏色最為繁複的種類，在花市常可見到，幾乎已成為一般人對秋海棠的基本印象。這類秋海棠只要擺在明亮的日陰處，對氣溫的忍受度很強，適合入門者栽植。

這類葉緣像是繁複裙褶般的種類皆來自墨西哥原種*B. manicata*的皺邊個體 Crispa 及其交配種，因遺傳基因穩定，這系統皆有複雜的葉緣花邊。植株雖然美麗，卻比較嬌弱，當氣候過於嚴寒或高溫，容易衰弱而死去。葉片最好少沾到水，在高濕環境容易因積水過久而導致軟腐病。

產於寮國的某種奇特海棠，葉面佈滿皺縮的凹凸表面及相當逗趣的幾條銀紋，生長緩慢，並不適合入門者。

B. thiemei 產於宏都拉斯，葉片略帶紫紅色，掌狀複葉，以分割小葉片繁殖的成功率較分株高。

葉片花紋繁複的墨西哥根莖系統交配種，一旦過了冬季，植株便抽出花梗，於春季瘋狂綻放，給日陰花園一個季節性的花展。

魚缸的秋海棠

B. bogneri是馬達加斯加東部雨林中的球根種類，葉針狀，若沒開花，會讓人誤以為是禾本科的雜草。本種雖然是球根種，但只要給予均衡的光源照射與穩定的介質溼度，便能終年生長；反之，會在冬季日照變短時進入休眠，由於畏懼夏季高溫，並不容易栽植。

B. crispula是巴西東南部大西洋雨林中的小型種，其皺縮且凹凸的葉面在秋海棠屬中極吸引人，夏季需避開高溫環境。

B. symsanguinea是新幾內亞的原生種，以前被歸類為另一屬，現在則被視為秋海棠屬中的一個節，因此屬名有所更改。畏懼暑熱，要以冷房度夏。

產於寮國南部與高棉交界山區的某種小型種海棠，葉片像迷你的手掌，因生長於瀑布水沫飛濺之處，需要高濕氣的環境。

產於泰國南部石灰岩的球根種，特異的造型讓人誤以為是某種冷水麻或樓梯草。生長期需高空氣濕度，冬季休眠期可斷水。

第十章
竹芋與赫蕉

竹芋、錦竹芋、葛鬱金、
赫蕉。

第十章 竹芋與赫蕉

竹芋、錦竹芋、葛鬱金、赫蕉。

竹芋與赫蕉是生長於熱帶美洲雨林較下層環境的植物群，最容易被看到。但在熱帶亞洲森林中，竹芋科的成員較少，且常和薑科植物混生，但可以發現許多竹芋的近緣屬。赫蕉屬的植物則未分布於東南亞的森林中，不過在大洋洲的新幾內亞雨林，看得到過去古大陸漂移時遺孑至今的赫蕉。

竹芋
Calathea

竹芋和薑科很相近。竹芋科植物在葉身與葉柄連結處，有個關節般的部位，叫「葉枕」，可以調整葉片的角度，以利光合作用。當夜晚來臨或雨季午後暴雨即將降下時，竹芋大多進入睡眠狀態，葉片往上閉合，有點像在祈禱，因此這類植物在英

紅色響尾蛇*C. crotalifera*是植株巨大的種類，花開初期苞片是黃色，經陽光照射數日後轉為橘紅色，因苞片像響尾蛇的尾部而得名。

文中又被稱為「祈禱植物」。少數竹芋產在日照充足的河岸，在下午陽光過強時，也會調整葉片的角度，以葉背的白粉來反射強光。當空氣濕度不足，竹芋也會捲起葉片，以防植物體內水分過度蒸散。所以，竹芋種在室內，會是不錯的天然空氣濕度指標植物，只要觀看它的葉片，便能知道其他植物的感受，判定是否要增加溼度或改善通風。

C. warscewiczii葉片與花苞皆美，苞片像含苞待放的白玫瑰，偶爾在市面上可見。

黃苞竹芋C. crocata是歐美國家常見的盆花植物，喜歡低溫，在高溫環境下極易死亡。

賞花竹芋Calathea

藍冰竹芋C. burle-marxii cv. Blue Ice是亞熱帶種類，需要一定的低溫條件來刺激開花，在熱帶地區或冬季不夠低溫的條件下，花梗無法抽長。藍色的苞片在熱帶植物中算是極少見。另有白色苞片的園藝種。

綠冰竹芋 C. cylindrica，以往多被混淆為藍冰竹芋供作園藝栽植，栽培條件一樣需要冬季低溫，在台灣的冷涼山區可長期見到花開，耐寒性強，能忍受接近降霜的低溫。

C. loesneri艷麗的苞片多長在葉叢之上，宛如薑科鬱金屬的薑荷花，在熱帶國家多當作半日陰花壇的要角，有不少本種與彩虹竹芋C. roseopicta相互雜交後之花葉俱美的園藝種出現。

苞片型態特殊的某種竹芋，苞片類似白玫瑰的花瓣，和C. warscewiczii相當類似，但苞片布滿絨毛且更為碩大。葉面沒有花紋，是觀賞價值很高的種類。

觀葉竹芋*Calathea*

眾多園藝種的彩虹竹芋*C. roseopicta*，一旦排在一起，要細分並不容易。

*C. lindeniana*算是比較大型的種類，葉片只有平行延伸的線條斑紋，沒有一般竹芋常見的羽狀花紋。

此竹芋葉片上雖僅有深淺不同的綠色羽狀花紋，卻相當吸引人。

圖前方兩種皆為*C. louisae*黃色與白色藝斑的園藝種，圖後方為斑葉紅裡蕉*Stromanthe sanguinea* Tricolor，堪稱為葛鬱金科中最醒目且常見的斑葉種類。

C. roseopicta Angela 彩虹竹芋的園藝種，本種的人工雜交種很多，許多園藝種的由來或親本皆是商業機密，多以商品名稱呼。

*C. villosa*是葉形特殊的竹芋，但因嬌弱且需要高空氣溼度，至今依然是稀有的種類。

C. wiotiana是植株低矮的原種，植株的羽狀花紋近似常見的箭羽竹芋，但葉片圓短許多。

C. princeps的葉片花紋和C. majestica某生長階段的斑紋極為類似，差異在C. princeps的植株矮小許多，且花紋沒那麼多變化。

C. majestica葉色變化多端，植株自幼年期到成株呈現不同顏色變化，圖為葉色由幼年期轉變至最後成株為全綠色。

C. albicans是植株低矮的原種，葉片上模糊不清的羽狀斑紋是其特色。

圖前為C. gandersii，葉緣呈波浪狀，是植株低矮的種類，圖後為C. rotundifolia的另一園藝栽培種。

錦竹芋 *Ctenanthe*

錦竹芋 *C. burle-marxii* 的基本種，和市面見到葉片顏色對比強烈的園藝種差異很大，少見於市面販賣，只為植物園及少數收集者栽植。

C. burle-marxii 的園藝種，葉色強烈且性質強健，夏日常見於花市，很適合入門者栽植。

黃葉的原因

多種竹芋有休眠與生長更替的現象，只是經年常綠，不像薑科植物會整株枯黃。過去竹芋曾被大量介紹為室內觀葉植物，但在台灣，不少人覺得它們太過纖細與神經質，只要環境有些微調整，似乎就有反應，因此竹芋逐漸消失在繁殖苗圃與市場，最後只有少數強健的種類還被栽植。竹芋之所以不受歡迎，有個很大的因素是葉片邊緣容易變黃，很多人以為這是空

氣濕度不足的結果，但以噴霧器噴霧或用剪刀剪去，葉片還是繼續變黃。其實原因有數種，其一是竹芋對土壤中的鹽分相當敏感。

竹芋多來自生態競爭激烈的雨林底層，根部生長的環境常常只是落葉分解的腐植質，所需的肥份來自有機質被細菌分解成植物可吸收的無機肥料。由於雨林中還有龐大的樹木及其他植物搶著吸收肥料，因此肥料一直在生物體內被循環利用，不會儲存在土壤中，也不會有

肥料過多導致營養鹽過高的情況。但人為栽培時，如果介質中的營養鹽過高，或是用來澆花的水中含鹽量高，將會導致葉片邊緣黃化。

此外，化學肥料施用過多，也會導致鹽分累積於介質中，對喜歡施用顆粒型緩效性肥料的栽培者來説，這種植物照顧起來很麻煩。最好的方式是在葉面施肥，以液態肥料噴灑於葉片或施用少量的有機肥，肥料以淡薄為主，避免施肥過度。再者，介質應維持在排水良好的狀

葛鬱金 *Maranta*

白線葛鬱金 *M. leuconeura* 是擁有眾多美麗變異種類的這屬中的基本種，性質強健，但光采似乎被紅線葛鬱金 *M. leuconeura* var. *erythroneura* 搶去，少為人們栽植。

紅線葛鬱金 *M. leuconeura* var. *erythroneura* 為葛鬱金屬中最有名的種類，許多書籍及畫作多以其華麗且對比強烈的葉片當作圖案，是適合入門者栽培的觀葉植物。

雙色葛鬱金 *M. bicolor* 的葉片花紋和其他種類類似，因此很容易和豹紋竹芋 *M. leuconeura* var. *kerchoveana* 混淆，本種葉片較厚，碰觸就可簡單分辨。

M. leuconeura var. *massangeana* 是長久以來園藝書中記錄的美麗變種，但今日卻很少見，性質嬌弱，比較畏寒。

態，在盆底墊水容易爛根，一旦根部受損，也會有葉片黃化的情況。

竹芋在生長期的初夏看起來最美，這也是市面最常見到竹芋的時候。過了冬季或春季，老葉便逐漸變黃，這是正常現象，等到初夏新葉長出後，再剪除這些老葉即可。

葉的美麗圖紋

竹芋的葉有許多美麗的花紋，一類像羽毛排列的圖案，另一類比較複雜，包括眼斑、帶紋及環狀紋。羽毛排列斑紋的種類多來自巴西東南部的森林，這裡近乎亞熱帶，和台灣一樣，

會有短暫低溫的冬季和較炎熱的夏季，溫度與降雨不像赤道雨林那般平均，所以植株較強壯，容易在居家環境培養，至今仍有多種是原生種，沒被改良過。至於眼斑、環狀紋的種類主要產在厄瓜多、祕魯等安地斯山東側的赤道雨林，由於這裡終年溫暖潮濕，因此這類竹芋對溫溼度變化的適應力比較弱，較不適宜擺在家中當作裝飾植物，多半只有執著的竹芋蒐集者才想伺候它們。不過它們的葉片實在太美了，讓許多歐美觀葉植物育種者動起改良的念頭，將一些不易栽植的美麗原生種相互雜交，選別出適應力較強的園藝種。不少種類的葉片花紋，會隨著植株的成熟度改變，有時幼葉與成熟葉有相當大差距。

少部分竹芋分布在高地雲霧林，其中又以黃苞竹芋最有名。這類高地性竹芋很怕熱，難以熬過夏季，但很多人並不知道竹芋也有怕熱的，因此買回來養死後，還百思不得其解。

有些種類的竹芋，苞片具有特殊的造型或顏色，適合當作觀花植物，除了怕熱的黃苞竹芋外，不少觀花的竹芋是容易栽培的，包括花色特殊的藍冰、綠冰竹芋，花形像響尾蛇尾巴的響尾蛇竹芋，花形像雪茄的雪茄竹芋，以及像白玫瑰花瓣的種類。

除了竹芋屬外，這科還有不少成員較少的屬，因極富觀賞價值廣為栽培者喜愛，例如錦竹芋*Ctenanthe*、葛鬱金*Maranta*、紅裡蕉*Stromanthe*等屬。

多數竹芋都不喜歡強風吹襲，在家栽植時要選擇避風和半陰處。如果植株太大叢，不妨剪取葉片作瓶插，點綴居家空間。

赫蕉
Heliconia

赫蕉色彩強烈，花朵（苞片）造形特殊，可說是最具有熱帶象徵的植物，今日許多熱帶國家紛紛栽植這類不需要特別管理，便可經常開花的植物。台灣也栽培了很多赫蕉，但多供作切花，少見有人販賣植株或用作景觀造景。

赫蕉和旅人蕉科、芭蕉科近緣，如果沒有仔細分辨，很容易混淆。赫蕉的種類相當繁多，依據外觀大致可以區分成美人蕉型的低矮種及芭蕉型的高大種。其中美人蕉型的低矮種，花朵苞片大多聳立於花梗，可分成花序平行並排而上及花序旋轉排列兩類。芭蕉型的高大種可分為花序直立及花序下垂兩類。花序下垂的又分為苞片平行下垂排列和苞片旋轉往下排列。目前有許多雜交種大多是近似原生種間的彼此雜交，例如美人蕉型中就有很多複雜的雜交園藝種，廣泛栽植為生產切花用途或路邊裝飾的景觀植物。芭蕉型

紅焰蕉*Musa coccinea*是台灣最常見的觀花類芭蕉，花朵顏色艷麗，常見於切花市場。

象腿蕉*Ensete superbum*產於印度至泰國的石灰岩山區，植株低矮，造型近似酒瓶椰子配上蕉葉，被東南亞許多植物園栽植為觀賞植物。

的直立花型與下垂花型雜交後，所產生的子代多為花梗下垂但又會往上延伸的怪異型態。整體而言，大型種的赫蕉較少像低矮種那般有複雜的雜交種，多半是自原生種中挑選出花色或型態變異符合切花需要的系統。

由於植株巨大，赫蕉少有適合盆植的種類，即便是美人蕉型的低矮種栽植於盆中，還是嫌太擠了些，至少要找桶子或浴缸般的尺寸才行。極少數小型原生種，如*H. stricta*或*H. aurantiaca*等，能在盆中生長良好。赫蕉的演化也和雨林中的動物息息相關，在原生地因授粉動物的不同，導致花色的差異，顏色豔麗的種類多以蜂鳥為授粉媒介。分布在大洋洲的幾種赫蕉，由於當地沒有蜂鳥，因此得靠蝙蝠來授粉，苞片的顏色

南美旅人蕉*Phenakospermum guianense*是唯一產在美洲大陸的旅人蕉科植物，只分布在亞馬遜河口以北及蓋亞那之間的低地雨林，罕見。

赫蕉*Heliconia*

*H. aurantiaca*是赫蕉屬中植株最小型的原種，適合盆栽。

斑馬赫蕉*H. zebrina*是原生於厄瓜多低地雨林的低矮種類，適合栽植於大盆中，多以觀葉為主。葉片極類似斑馬竹芋，差異僅在本種的葉背是紫色且較厚，而斑馬竹芋為綠色。

*H. chartacea*原種中選拔出來的園藝種「性感粉紅」，是熱帶地區僅次於金鳥赫蕉，第二常見的下垂性赫蕉，但耐寒性不佳，僅適合台灣中部以南。

各種芭蕉型態植株的赫蕉園藝種，色彩艷麗的苞片色彩提供了熱帶庭園的強烈色調，這些植株大型的種類完全無法適應小空間或盆栽。

H. angusta是產於巴西南部的原種，植株較低矮，是美人蕉型態的赫蕉，花期僅集中在冬季。

H. excelsa是花序下垂的大型種，僅適合熱帶地區的庭園栽植，花序可延伸得很長。

沒有蜂鳥的熱帶亞洲，太陽鳥客串蜂鳥，經常飛到花店裡的赫蕉切花上吸取花蜜。

小鳥蕉H. psittacorum的交配種，這類屬於美人蕉型態的赫蕉有許多園藝種皆是小鳥蕉與其他近緣種類的雜交種。

也因而演化成綠色，只靠夜晚產生的花蜜來吸引蝙蝠。類似的情形也出現在熱帶亞洲，例如靠太陽鳥授粉的紅焰蕉 *Musa coccinea*，多具有色彩艷麗的苞片；仰賴蝙蝠授粉的芭蕉，其花色多半和我們食用的香蕉一樣，呈黯淡的深紫色。熱帶美洲艷麗色彩的赫蕉移植到亞洲之後，亞洲的太陽鳥仍習慣性地在公園的赫蕉間採蜜，甚至跑到花店，在擺設切花的桶子間吸取花蜜。

熱帶地區的赫蕉大多經常性地開花，或集中在雨季開花。亞熱帶地區的赫蕉，在溫暖的冬季減緩生長，花期在夏季溫度回升後開始，在溫度降低時結束。台灣供作切花栽種的赫蕉種類，花期似乎只限於初夏至秋。

在屋頂花園或庭院栽種赫蕉，需要依日照條件選擇種類。整日曝曬陽光的環境可能只適合低矮種，高大如芭蕉的種類多半喜歡半日照。多數赫蕉能適應台灣南部的熱帶氣候，但不耐台灣北部的冬季低溫，當溫度降到8度以下並持續數日時，一些較嬌弱的種類（多半是芭蕉型的高大種）會凍傷或凍死。部分產在巴拉圭及巴西南部的赫蕉，具有很強的耐寒性；產在安地斯山中高海拔區域的種類，對低溫也較具有忍受力，但夏季要提供遮陰的環境。

美人蕉型植株的某種野生赫蕉，生長在亞馬遜源流的雲霧林中。

第十一章
著生仙人掌

三角柱和夜之女王、曇花、孔
雀仙人掌、蟹爪蘭和復活節仙
人掌、仙人棒。

第十一章 著生仙人掌

三角柱和夜之女王、曇花、孔雀仙人掌、蟹爪蘭和復活節仙人掌、仙人棒。

著生於樹幹上的仙人掌對日照的需求不一，從日照明亮至稍微遮陰的環境皆可發現它，但多在離地面很高的樹上。

提到著生仙人掌，也許很陌生，但若提到鄰家夏夜盛開的曇花及三角柱，以及市場可見的火龍果、年末見到的蟹爪蘭等，想必很有印象，它們都是仙人掌家族的成員，只是原生環境不是乾旱的沙漠，而是熱帶美洲的雨林。

著生仙人掌依原生地大致分成四類。

第一類產於加勒比海沿岸的中美洲及西印度群島等低地，包括曇花類、三角柱以及夜之女王等屬的成員，在台灣很容易居家栽植。

第二類產在墨西哥及中美洲高山地區，包括構成今日花朵豔麗的各種孔雀仙人掌的祖先，以及金紐仙人掌。這類仙人掌並不難培植，但在台灣平地想要開花就要花點功夫。

第三類是產在巴西東南部海岸山脈的蟹爪蘭和復活節仙人掌，台灣也很容易栽培及開花。

第四類是原生於南美洲北部的仙人棒等。

著生仙人掌除了大型三角柱、夜之女王和曇花外，其他種類都適合以吊盆懸掛。大部分的雨林仙人掌都可以用扦插的方式繁殖，從發根苗至開花至少要3年。有些種類可以採取三角柱嫁接的方式，以縮短

開花所需時間。除了來自高海拔的孔雀仙人掌外，它們在台灣大多容易栽培，主要的原因是很多原生種產在近似台灣這種亞熱帶與熱帶交會的氣候環境，若將它們種在熱帶的東南亞，要開花就要花點功夫。

三角柱和夜之女王

Hylocereus & *Selenicereus*

三角柱和夜之女王需要較充足的陽光，許多種類都長得很長，有時即使佔據了整個陽台，還沒長到成株的階段，因此若想要在陽台栽植，要找小型的夜之女

王成員，三角柱僅適於地植。三角柱在溫暖的季節通常開花不斷，尤其是夏季。夜之女王的成員則多半在冬季低溫過後形成花芽，初夏溫度上升後才開始開花。兩者的花都開在夜晚。

泰國植物園中，三角柱仙人掌吸附於樹冠分岔的枝幹上。在原生地，這是最適合著生仙人掌成長的環境。

*S. coniflorus*是夜之女王屬裡中大型花朵的種類，莖上的刺不少，在栽植管理上要小心處理。

*S. hamatus*是這屬中長相非常怪異的原種，枝條上長著倒鉤狀的凸起，方便樹上攀爬，長到很高大才會開始開花，並不適合小陽台。

S. spinulosus是夜之女王屬中枝條比較少刺的中小型種，常開花，枝條蔓生的範圍比較小，較適合小陽台栽植。

曇花
Epiphyllum

曇花屬除了極少數在白天開花外，一般都在夜晚開花，有的在春季，有的在冬季，但多數是在夏秋的高溫期開花。這屬的成員在野外多是附生在樹幹上的著生種，少部分長在森

E. laui是白天開花且可以維持數天的原種，花朵外側苞片橘黃色，內側乳黃色。

曇花屬的成員若授粉成功，多會在開完花後結出碩大的果實，果實成熟時色彩艷麗異常。

E. phyllanthus 的花朵和一般常見的曇花E. oxypetalum不同，花朵宛如星狀，植株較小。

E. guatemalense植株介於曇花與孔雀仙人掌之間；碗狀花宛如睡蓮，大小和曇花接近。

Selenicereus chrysocardium 這原種的分類至今仍有很多爭議，一開始自成一屬，後來歸類於曇花屬，目前又移到夜之女王屬。但它的許多特徵與生長方式，筆者覺得比較近似曇花屬。習性特殊，不但具有像蕨類的葉狀莖，還選在寒冷的冬夜開花，與多數夏夜開花的曇花差異很大。

林地面的腐植層上，在栽培上需要注意，夏季強光時要遮陰50%，並避開正午的陽光，須等介質乾燥後再澆水。極少數在白天開花的原生種，在冬天應盡可能給予充足的陽光，並減少澆水。

孔雀仙人掌

Disocactus

以往孔雀仙人掌被歸類在曇花屬，自從一些色彩艷麗的原生種被介紹到歐洲，經過雜交育成今日所見的龐大園藝品系後，便獨立成一個

亞馬遜河上游森林中附生於樹幹的原生種曇花屬植物。

新的人工屬名。

至於以中美洲高地的原生種育種出的孔雀仙人掌，由於開花習性

受到祖先的影響，需要冬季連續一個月的低溫（夜溫10度以下）來刺激開花，但台灣平地的

少數可以簡單栽植於台灣平地，在平地冬季低溫會開花的橘色交配種。

在台灣一年開花兩次的黃花交配種，一次為初冬時期，另一次在初夏，花朵芳香。

低溫期不夠長，加上近年來暖化情形顯著，引進的交配種可以正常開花的不多，即使可以開花，花朵的數量也不及在嚴寒國家所開的數量，除非在冬季低溫期移植到高海拔山區。畢竟它們的原生種是長在高海拔的中美洲山區，和銀葉系空氣鳳梨一起附生在岩壁或著生在高海拔的松樹上。一般來說，小花的種類在台灣平地開花的機率較高。

孔雀仙人掌的開花機制和亞洲的春石斛蘭頗類似，經歷過冬季低溫，等到春季溫度回升後，可以在葉狀的莖節上看到許多花芽，如果植株不是很健壯，部分

*D. nelsonii*是這個屬花瓣比較少的原種，花朵像百合的喇叭形，是許多小型種的親本。

*D. macranthus*雖然花朵不是很大，但卻是很多不需要冬季10度以下低溫刺激即可開花的交配種重要親本。

D. amazonicus是仙人掌中唯一有藍紫花色的種類，較畏懼冬季的低溫，寒流來襲時建議移到室內，否則會有凍傷之虞。

孔雀仙人掌經過冬季低溫刺激，春季氣溫回暖時，葉狀莖缺刻中的花芽快速生長。

花芽會凋落。它們也在夜晚開花，只是花朵在白天依然盛開，幾天後才凋謝，植株在花謝後才開始生長。

栽培孔雀仙人掌要注意在低溫的冬季減少澆水，並給予充分的日照，在高溫的夏季則要盡可能提供通風陰涼的環境，避免高溫期曝曬於強光下。這類交配種如果高溫季節處在過於潮濕的狀態，接觸介質的部位容易腐爛，等到高溫的夏季結束，便可繼續肥培到冬天來臨，如果植株已到達開花期就要斷水，如果是肥培幼株就繼續澆水。

蟹爪蘭和復活節仙人掌

Schlumbergera &
Hatiora

蟹爪蘭和復活節仙人掌是相當容易培養的花卉。以往螃蟹蘭多在農曆春節時開花，後來引進的種類花期提前到聖誕節前後，不過如果冬季低溫期來得晚，花期也會延後。復活節仙人掌則大約在清明時節開花，以往相當受歡迎，但近幾年已退流行，加上許多國外的新交配種因為育種登錄法規繁瑣而未被引進，越來越不

S. truncata蟹爪蘭的花朵多長在枝條先端朝下開放，極適合作為吊盆，每朵花約有3天壽命，花苞很多，花期可以維持一陣子，這是目前市面上最常於聖誕節至元旦假期開花的種類，在國外有「聖誕仙人掌」之稱。

S. orssichiana是蟹爪蘭屬中少見的原種，花比一般園藝種的S. truncata大，栽培不易。

容易在市場上看到。

在台灣蟹爪蘭很早以前便被種在蛇木上，或是以蛇木屑培植，因此大家都知道它需要排水良好的介質，在夏季需要避開強光，以免被

*Hatiora gaertneri*蟹葉仙人掌的花期在清明節，在國外正逢復活節前後，因此有「復活節仙人掌」之稱，圖為蟹葉仙人掌的原種，花色多為橘或橘紅色。

*Hatiora x graeseri*此為與小型花的原種「落下之舞 *H. rosea*」雜交育成的蟹葉仙人掌交配系統，花朵大且數量繁多。栽植時要注意介質不要過濕，否則容易腐爛。

灼傷，同時也要避免潮濕。由於這類植物屬於短日照植物，在秋季溫度開始降低時，就要避免將植物擺在夜晚有光源的地方。

仙人棒
Rhipsalis

產在南美洲北部的仙人棒，原先來自許多不同的屬，後來被歸為一個龐大的屬，但最後又被拆成若干小屬。因為學名經常更改，對以拉丁學名記植物的人來說是一大挑戰。

仙人棒花朵通常比較小，不少人都是欣賞它的果子，開花期和孔雀仙人掌類似，過了低溫的冬季便可以在枝梢上見到許多小花，花期過後能看見許多果實掛在枝條上。果實有白色、紅色、粉紅色等，依品種而定。果實多半能維持一段不算短的時間，如果將果實剝開，播種於水苔上，可以成為另一株幼小的植株。

*R. pachyptera*在這屬中外觀較獨特，呈扁圓形，生長速度比細條狀的種類要慢許多。

*Hatiora salicornioides*雖然不是仙人棒屬，但也有很多成員被當作仙人棒栽培，它有個日文名「猿戀葦」，在台灣也有不少人如此稱之。

R. pilocarpa在台灣相當容易栽培，在這屬中算是花朵很大的種類，花謝後在枝條先端結滿紅果子，具有很高的裝飾性。

R. baccifera是仙人掌科家族中分布最廣的物種，不僅熱帶美洲，連非洲、印度洋的小島甚至斯里蘭卡都有，是植物學家議論紛紛的物種。適合入門者。

R. mesembryanthemoides是外觀怪異的仙人棒，主幹外圍總是生長著一圈短側枝，這些側枝若掉落，也會成長另一植株。

仙人棒在原生環境，除了附生於樹幹之外，偶爾也出現在岩壁等斷崖環境。

各種細條狀的仙人棒。左邊綠色的是 *R. pentaptera*，右邊因低溫被凍紅的是 *R. baccifera*。

各種扁形的仙人棒。最左邊紅色的是 *Pseudorhipsalis ramulosa*，中間像鋸子的是 *Lepismium houlletianum*，右後方是 *R. crispata*。

R. crispata 是扁圓形，且邊緣具有缺刻宛如波浪裙褶。原種因為外觀特殊，很早就廣為園藝栽培，生長速度中等。

在熱帶地區，仙人棒經常被作為懸吊植物，相當容易培養。

第十二章
蘿藦科植物

毬蘭、風不動。

第十二章 蘿摩科植物

毬蘭、風不動。

分布於熱帶雨林的蘿摩科植物，其中風不動及毬蘭兩屬已進化成肉質的蔓藤狀，和產於非洲沙漠的親戚在外觀上有很大的差異。但同樣在熱帶雨林環境，南美洲產的蘿摩科植物多半生活在莽原或林緣，熱帶亞洲的風不動及毬蘭則進化為著生型，利用會飛翔的種子，廣泛地由印度的潮濕地區分布到太平洋西岸的島嶼，有些種類為了適應乾旱的氣候，甚至演化成沙漠植物的形態。由於毬蘭與風不動大多分布在樹幹上，而熱帶雨林的樹冠層至今還未被詳盡研究，因此這兩屬應該還有很多種類未發表。

毬蘭

Hoya

毬蘭和風不動的命運不太一樣，為了適應雨林中差異甚大的各類型氣候環境，毬蘭演化成各種讓人眼花撩亂的葉型及花型。在分類上可以分為許多小家族，例如大花毬蘭節（*Eriostemma*，也有人主張它是一個亞屬，甚至是獨立的屬）具有毬蘭屬中最大型的花朵，這類成員的葉片多半極為相似，也就是那種圓圓的被覆著細毛的葉片。在眾多毬蘭家族中之所以特別介紹大花毬蘭，是因為它們的生態習性和著生的毬蘭屬很不同。

雖然在大花毬蘭的原生地可以見到大花毬蘭攀爬於樹上，但它們多半和常見的蔓藤植物一樣，先在地表發芽後再攀爬到樹上，而不是直接著生在樹幹上的潮溼處。因此，大花毬蘭適宜栽種在圍牆邊或鐵絲

產於婆羅洲密林中的*H. glabra*，這類葉片超大的毬蘭，每個節只生長單枚葉片，葉片長達30公分。

心葉毬蘭*H. kerrii*常見於泰寮邊境的熱帶季風林，乾季需要比較明亮的日照。

*H. caudata*的葉片表面像是附著一層鐵銹般的花紋，多分布在石灰岩森林中，葉片特殊的色彩在原生地有不錯的隱蔽效果。

*H. latifolia*攀附於大樹上的景觀，攝於婆羅洲沙勞越的拉讓江沿岸。

網柵欄邊的土中。如果要盆植，盆中的介質要混合比較多的土壤，否則植物多半會發育不良生長緩慢。大花毬蘭在產地多見於河岸邊或人為破壞的二次林緣等陽光充足之地，因此在家培植時要找光線好的地方，將它種在西曬的陽台來擋太陽與遮陰會是不錯的選擇。

毬蘭屬的植物除了來自沙漠環境的澳洲毬蘭*H. australis* ssp. *rupicola* 和乾旱地的硬葉毬蘭可以接受強光外，其他多數毬蘭需要適當的遮陰。

毬蘭具有造型差異大的葉型及花型，吸引許多收集者瘋狂搜尋。其中葉片纖細的種類來自寒冷潮濕的高地，原生於喜馬拉雅山南麓和雲南等地的毬蘭，在台灣北部多雨濕冷的氣候下可以長得很好。有許多種類屬於大葉種，部分葉片直徑達約1尺，厚度超過5公釐，相當的重。這類大葉種多來自婆羅洲的赤道雨林，不耐寒也不耐乾，如果氣候條件無法滿足，葉片多半會變小，甚至因此枯死。

帝王毬蘭*H. imperialis*堪稱是這屬中除了大花毬蘭類外，擁有最大的花朵，但是它相當畏懼台灣北部冬季的低溫，

*H. curtisii*匍匐著生於樹幹,再自上方懸垂而下,對過濕的介質極為敏感,雨季容易腐爛,建議以小盆或易乾的介質培養,讓植株沿著盆緣下垂,不要讓植株平貼於介質上。

*H. inflata*的花形極似鈴鐺,近年來才被歸類為毬蘭屬,對環境有點挑剔,不易照顧。

*H. pachyclada*是毬蘭屬中最多肉質也最耐旱的種類之一,產於泰緬邊境較內陸的熱帶季風林,只於每年短暫的雨季生長,植株宛如小灌木。

幾種葉片色澤差異頗大的毬蘭彼此蔓生在一起:橄欖綠配上白脈的為*H. elliptica*,淺綠配上暗綠葉脈的為*H. callistophylla*,橄欖綠配上紫紅色斑塊的為*H. waymaniae*及暗紅色配上銀色碎斑的為*H. caudata*。

*H. ariadna*有時被歸類為大花毬蘭亞屬,花朵比較大,地生,偏愛陽光,適合栽植於溫暖的庭園,纏繞於鐵網或棚架上,可在土壤中增添牡蠣殼等偏鹼性的物質。

帝王毬蘭*H. imperialis*是花朵碩大的種類，對亞熱帶的冬季低溫適應不良，需要避寒，花朵雖然很大，但著花性不好，多半蔓生很大的範圍卻難以見到花朵繁盛。

*H. waymaniae*匍匐生長，適宜吊盆栽植，花朵像是金黃色的鈕扣，陽光充足時，葉片會長年維持紫紅色斑塊。

*H. meliflua*的花朵顏色特殊，暗綠色的葉片像牛舌那般長，有時甚至達30公分。

*H. meredithii*的外觀讓人難以想像它是毬蘭科植物，巨大且單生的葉片有時接近30公分長，淺綠色的葉片配上深綠色的葉脈極為少見。

需要做好保溫工作。部分種類具有風鈴般的花朵，盛開時像鈴鐺似地懸掛在枝條上。許多來自熱帶季風氣候或亞熱帶森林的種類，相當適應台灣的氣候，有不少已經被介紹於園藝栽培，被觀葉植物栽培者大量繁殖，其中包括市面上最常見的毬蘭 *H. carnosa* 及其多種變種以及心葉毬蘭 *H. kerrii*、圓葉毬蘭 *H. obovata*、硬葉毬蘭 *H. pachyclada* 等。

毬蘭也和其他著生植物一樣，要等介質稍微乾了再澆水，不要讓

介質維持在很潮濕的狀態。在自然界裡，毬蘭附生的樹幹上方有很多

樹葉遮住強烈的日曬，因此光照也是以明亮的日陰為主，避免夏季強

光，但冬季可以接受比較多的光線。差異較大的是溫度和空氣濕度，除了前述來自熱帶季風氣候區的種類可以忍受大範圍的溫度及溼度變化外，來自高地雲霧林（主要是喜馬拉雅山及印度的系統）的毬蘭，要嚴防夏季的高溫，最好提供濕冷（台灣中、南部的冬季都太過乾燥）的環境。來自赤道雨林的毬蘭在台灣夏季相當容易培植，但在北部的冬天要特別小心低

H. kenejiana生長勢強健，藤蔓經常纏得到處都是，需要小心管理，著花性不錯，圖中是葉片有藝斑的個體。

H. pentaphlebia是產於菲律賓的巨大種類，有時葉片長度超過30公分，花朵繁多，多半可聚生為球體，但花期短，只能維持2天。

彗星毬蘭H. multiflora，這種毬蘭的花梗無法長期開花，花謝後花梗即凋萎，需要重新生長，有時被歸為其他亞屬，對環境溫溼度變化的忍受性不高，需要比較穩定的介質與空氣溼度，不易在亞熱帶栽植，冬季低溫時需要特別留意。由於產地廣，地域型很多，圖中左邊花色偏綠者為菲律賓產，右邊花色偏黃、花型小但數量多者為泰國產。

H. retusa產於印度南部，對台灣的氣候適應良好，葉片纖細如針但尖端近乎分岔。每個花序的花朵數雖不多，但花梗會長在全株各莖節，整株滿是芳香的星狀花。

*H. engleriana*產於泰國北部山區，屬於喜馬拉雅山系的種類，喜歡冷涼潮濕，夏季高溫乾燥期要小心管理。

*H. patella*花朵近似星狀傘型，顏色為夢幻的粉紅色，雖然每個花序所生的花不多，但花梗很多，在溫暖的季節經常可見枝條開滿著碩大的花朵。

*H. archboldiana*是產於新幾內亞的大花種類，容易栽培且開花性好，花朵於日暮時有強烈的芳香。適合初學者。

*H. latifolia*來自婆羅洲的大型種類，新葉是艷麗的紫紅色，對環境的適應力不錯，算是葉片大型的種類中在亞熱帶適應較好的。

*H. clemensiorum*是產於婆羅洲葉片狹長的巨大種類，曾有葉片接近50公分的紀錄；但是在人為環境下葉片往往較小且數量不多。植株生長速度慢且對環境溼度要求頗高，不易栽植。

溫，在中南部也要提高環境的溼度。

　　彗星毬蘭是一種分布很廣但對環境要求有點苛求的種類，在冬季低溫期比較畏寒，常常生長於近海邊紅樹林樹幹上的腐植質堆積處，除了周遭環境要維持高濕

度外，可以用水苔或椰子殼等保濕性較好的介質來栽培。

　　毬蘭在園藝上的利用至今似乎還停留在吊盆的方式，其實大多數的毬蘭都不是懸垂植物，

而是以捲曲攀附的方式生長，因此可將毬蘭視為不錯的攀爬素材，讓它纏繞在家中需要點綴的壁面或飾物上。

H. deykeae是來自蘇門答臘的H. finlaysonii家族，葉形近似心葉毬蘭，但葉紋卻呈現H. finlaysonii家族既有的樣式。栽植容易，但仍須注意冬季低溫。

H. lacunosa是廣泛分布於東南亞的小葉種，花型和許多菲律賓的小葉種極為近似，宛如毛球狀，生長勢強，容易管理，夏夜花香濃郁，近年來被廣泛栽植為吊盆植物。

風不動
Dischidia

　　風不動和毬蘭中，有許多種類和螞蟻共同生活，以獲取養分，它們的種子也都具有飛行的能力，從生態模式來看，它們和熱帶美洲的空氣鳳梨極為類似，是相當明顯的平行進化的例子。

　　風不動屬的花朵多半比較小，觀賞價值不高，葉片多半也偏小型，但是為了適應樹上變化莫測的氣候，它們有可以儲存水分的莖葉，並能適應廣泛的日照，這種耐陰又耐乾的個性使它在園藝上被廣泛利用。

　　風不動屬中，產在赤道雨林的種類葉片肉質化的情形比較輕微；而來自熱帶季風林的種類，會遇到著生樹木落

H. wallichii產於婆羅洲北部沙巴東部的密林中，花朵像是白色的小傘，葉片很薄，扦插時要注意保持空氣溼度。

葉的情況，有半年處於
又熱又乾且遭到陽光
曝曬的惡劣環境，因此
在演化上偏向多肉質。
一些熱帶國家常將這類
植物用作綠雕和其他園
藝裝飾。這屬當中造型
奇特具有園藝價值的，
多是和螞蟻共生的蟻植
物，但論起耐性好、適
宜惡劣環境而被大面積
栽植的商業化園藝種，
卻多不是這些蟻植物。

*D. lancifolia*來自菲律賓，光線強弱與營養條件會影響葉片的
型態，圖中是強光且少肥料環境下較肥厚的葉形，多半商
業生產的植株因施很多肥與遮陰而長得比較大型，白色葉
脈是本種的特色。

*D. hirsuta*是廣泛分布於東南
亞境內的原種，葉表凹凸不
平且有疏毛，花朵在這屬中
比較大型，多分布在樹林較
陰濕的環境。栽植時應盡可
能避開日照直射，需要比較
多的照料。

分布於泰國南部及馬來半島的某種風不動，植株只在生長
初期有葉片，之後葉片會脫落。在原生地像熱帶美洲的仙
人棒一樣懸垂於石壁或樹梢。

*D. nummularia*廣泛分布於中南半島的熱帶季風林，自乾季樹木落葉以後，植株開始接受強光且乾旱的環境，由銀灰色且多肉質的葉片負起維持生命的重任。此種風不動生長性強勢，不需太多照料。

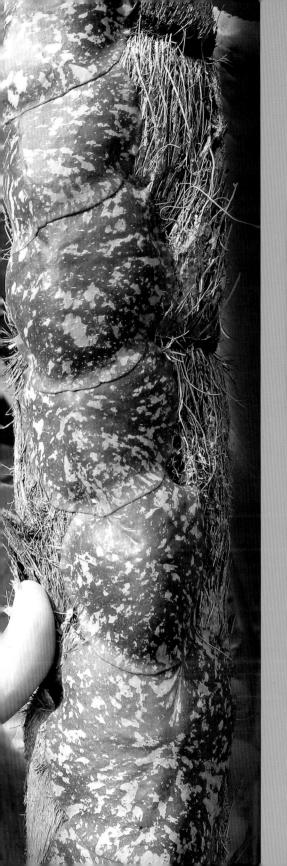

第十三章
蟻植物

水龍骨科的鹿角蕨、斛蕨、蟻蕨，蟻巢玉、蘿摩科的風不動與毬蘭、鳳梨科的蜻蜓鳳梨與空氣鳳梨。

第十三章 蟻植物

水龍骨科的鹿角蕨、斛蕨、蟻蕨，蟻巢玉、蘿藦科的風不動與毬蘭、鳳梨科的蜻蜓鳳梨與空氣鳳梨。

許多植物看穿蟻植物與螞蟻之間的利益關係，於是見縫插針地想辦法自其中抽點油水，圖為馬來半島高山雲霧林中的某種口紅花附生於蟻蕨 *Lecanopteris pumila*，半路劫取螞蟻提供的養分。

號角樹 *Cecropia peltata* 是中南美洲雨林中生長勢很強的先驅植物，莖幹內部中空，住著阿茲特克蟻，保護易遭三趾樹獺取食的葉片。

　　蟻類是雨林生態系中，藉由複雜的社會組織發展得相當成功的昆蟲，一些植物或者提供食物，或者提供住宿場所，想辦法和牠們建立密切的共生關係。所謂「蟻植物」，指的便是熱帶地區一群將部分器官特化成可供蟻類居住的植物，它們請螞蟻當保鏢，或以螞蟻的剩餘食物和排遺為營養源。

　　熱帶地區的蟻植物有高大的樹木，也有附生的植物。許多高大的蟻植物，如號角樹和部分栲樹，提供自己的莖幹讓蟻類居住，它們多半需要強光，不適合家居環境栽植。來自雨林的蟻植物多半著生在樹幹上，這些蟻植物大多來自不同的家族，除了茜草科和水龍骨科有整個屬的成員都是蟻植物外，其他則散布於各個不同的屬。此外，部分植物看中蟻植物可以藉由螞蟻來獲得好處，便

取巧地附生其上，截取蟻植物收集來的營養。

水龍骨科的鹿角蕨、斛蕨、蟻蕨

　　水龍骨科的鹿角蕨及斛蕨屬在雨林中，以特殊的收集葉接收自樹冠層飄落的樹葉，爬樹時若不小心踢到這類植物，往往會讓其中的螞蟻傾巢而出。其實這些鹿角蕨及斛蕨並非刻意成為蟻植物，它們算是機會型的蟻植物。

　　鹿角蕨家族中，只有亞洲猴腦和非洲猴腦將自己的身體給蟻類居住。它們的營養葉不像其他鹿角蕨往上張開，可以收集上方掉落的樹葉，而是包裹得像高麗菜，讓蟻巢在下雨時不會淋到雨，而且還將一層層營養葉特化成通道，供螞蟻在其中穿梭。但在野外，有一種著生蘭會附生於非洲猴腦的營養葉中，奪取猴腦的養分。

斛蕨 & 鹿角蕨

斛蕨的收集葉中總是堆滿了自樹上落下的腐質堆積物，雖然不是特意演化為蟻植物，但許多蟻類卻喜歡居住其中。

亞洲猴腦*Platycerium ridleyi*的營養葉不像一般的鹿角蕨往上敞開，接收落葉等腐植質養分，而是往內包裹像包心菜一般捲曲，其凹凸不平的脈絡正好提供了螞蟻通行與居住的空間。

非洲猴腦*Platycerium madagascariense*的營養葉脈絡更加複雜，遠遠看去就像是大腦的外觀。因對生長環境相當挑剔，非常不易栽植。

蟻蕨之*Myrmecophila*

*L. curtisii*產於蘇門答臘，走莖外觀像是裹著一層白霜，對空氣溼度要求很高，也需要留意光線是否充足。

*L. luzonensis*產於菲律賓，是生長勢很強的蟻蕨，經常可以維持許多葉片一起生長，是走莖光滑無鱗片的種類中最好栽培的種類之一。

蟻蕨一旦被拆離附生的介質，根部會大量受損，必須靠新生的走莖再長出根部，否則移植的植株將無法吸收水分，只能依靠肥大走莖的儲備水分。因此在植株尚未發根前，要想辦法提高空氣溼度，減少水分的蒸散。

*L. pumila*產於馬來半島的高山雲霧林，只有新生的走莖是橄欖綠色，稍微老舊的走莖便轉為黑色。植株在台灣需要注意夏季的空氣溼度不可過低，雖然會因為高溫停止生長，但並不難度夏。

*L. carnosa*產於蘇拉維西島，是這類光滑無鱗片的走莖種類中，還長有刺的。這類長刺的蟻蕨多半來自蘇拉維西的高山雲霧林，本種分布的海拔比較低，大約1000公尺，栽培上不至於太困難。

蟻蕨之*Lecanopteris*

L. *crustacea*產於馬來半島北部的泰國南部與緬甸交界至馬來西亞，在野外經常附生在巨大的亞洲猴腦上，一起提供螞蟻住宿的服務以獲得營養。

L. *mirabilis*分布在新幾內亞的雨林，走莖不像同屬的他種呈中空狀，而是演化成扁平狀，並利用這扁平的走莖吸附在樹幹上，再讓蟻類住在這層走莖與樹皮間的縫隙中。

L. *sinuosa*是蟻蕨屬中分布最廣的種類，自中南半島的熱帶季風林一直到新幾內亞的赤道雨林都可見其身影，是生命力最強的種類，在乾燥無雨的熱帶乾季，植株葉片會全數脫落，此時外觀看起來就像是某種蛾類的幼蟲。

L. *lomarioides*產於蘇拉維西島的中海拔山區，全株走莖附滿黑色鱗片，性質強健，不難栽植。

美洲的蟻蕨 *Solanopteris*

馬鈴薯蕨*S. brunei*是少數產於熱帶美洲的蟻蕨，分布於哥倫比亞至祕魯的森林中，乾季時葉片全數脫離，只剩充滿外刺宛如腫瘤的短莖與條狀的一般走莖。初次見到，讓人難以想像它是蕨類。

馬鈴薯蕨之名，是因產於中美洲的*S. bifrons*走莖會長出像是馬鈴薯般的腫瘤，提供蟻類居住而得名，但南美產的*S. brunei*腫瘤外表充滿棘刺，反倒像是科幻片中的流星錘，這種特化的腫瘤功能像亞洲產的氣泡型風不動或蟻巢玉，一端有開口讓螞蟻進入。

蟻蕨 *Lecanopteris* 是另一個亞洲森林中蕨類與蟻類共生的例子。過去分為兩類，一是走莖外表具有鱗片包覆的*Myrmecophila* 屬；另一個是走莖外表沒有鱗片的*Lecanopteris* 屬，現在兩者都已經歸為同一屬但性格還是有所差異。有鱗片的種類多數分布在低海拔的赤道雨林，甚至熱帶季風林，較能適應高溫多變的氣候，在原生地著生於日照充足的樹幹或鹿角蕨的營養葉中。這類植物在台灣不難栽培，只是在冬季多雨寒冷的北部需要注意，若光照不足，要移到室內人工照明。

沒有鱗片的種類大多來自高海拔的雲霧林，長於樹冠最前端的枝梢上，直接讓太陽曝曬。高山雲霧林區的氣候並不穩定，常常一陣雲飄過來夾雜著小雨，待雲層通過後又有陽光照射，蟻蕨在這種環境生長良好，然而一旦植株群落過大，重量超過枝梢所能負荷，便會落入陰暗潮濕的林床，很快死去。因此在台灣北部栽植時，要選擇有固定半日照的環境，並裝設定時噴霧設備，約每小時短暫噴霧一次。此外，應直接將植物體附在蛇木或橡樹皮上，切莫添加水苔這類會保溼的材料，這樣它們的根才能像在原生地一會兒

濕一會兒乾。

值得注意的是，它們多數在秋至春的低溫期生長，在高溫的夏季則生長停頓，並出現孢子葉。很多人以栽培一般蕨類的方法栽植蟻蕨，讓它們悶在恆濕的缸子，或擺在潮濕陰暗的棚架下，最後往往失敗，從此對蟻蕨敬而遠之。

熱帶美洲還有一群水龍骨科被稱做馬鈴薯蕨*Solanopteris*（Potato fern）的奇特植物，它們的莖葉和一般的石葦或星蕨差不多，卻在莖部又長出像馬鈴薯一般的腫瘤來提供螞蟻住宿，與蟻類的共生關係和亞太地區的蟻蕨一樣，複雜又密切。

蟻巢玉
Hydnophytum &
Myrmecodia

茜草科中的*Hydnophytum*和*Myrmecodia*兩個屬皆被稱作蟻巢玉，都是蟻植物，它們將膨大的莖部隔成許多複雜的小洞穴，蟻類進駐後將吃剩的食物或排泄物存放在特別設計的拋棄室裡，供蟻巢玉吸收。

蟻巢玉剛發芽時，莖部沒有任何孔穴，大約長到一粒花生大的時候才開始有粗略的破洞，等到洞穴夠深了，螞蟻才會搬進來住。蟻巢玉的繁殖主要靠鳥類取食母株上的漿果後排遺在其他樹幹，種子趁機黏附在枝條上，經過降雨的滋潤快速萌芽。

蟻巢玉根部再生力很

*Hydnophytum*的幼苗生長在原生地樹幹的姿態。

澳洲的某種*Hydnophytum*，膨脹的球莖表面有稜線。

產於新幾內亞西部的某種*Hydnophytum*，外皮為少見的綠色，表面有許多突起。

*H. moseleyanum*產於新幾內亞東部，是少數有人繁殖的種類。

產於新幾內亞的某種 *Hydnophytum*，腫大的球莖表面凹凸不平。

攝於爪哇島的*Hydnophytum*，當地人除了將曬乾的蟻巢玉供作藥用外，也將巨大的蟻巢玉栽植為盆景。

弱，如果植株因為長得太大而跌落下來，或是被人採下來，死亡的機率很大。若要栽培野生植株，最好採用盆植。如果真的很想讓它以附生的姿態生長，建議應在植株直徑不大於拇指粗之前，附在板子上，植株長大後才比較能抓住板面。上板時要格外小心，避免傷及根系。

蟻巢玉這兩個屬在分布上大致相同，多數種類分布於大洋洲的新幾內亞，只有少數分布至東南亞，*Hydnophytum* 多分布於低地，*Myrmecodia* 卻有很多新幾內亞的種類是來自高山雲霧林。栽培前要先了解該種的來源，以及自己可以提供的環境。無論是高山種或低地種，蟻巢玉也和多數蟻植物一樣，多半長在有日照的樹幹上，栽植時，要選擇每天可以接受短時間日照的場所，夏季也要避開中午最熱的時段。

在原生地，有些野牡丹科植物以包裹著糖分的種子，誘使螞蟻搬回蟻巢玉，螞蟻吃完有糖分的種皮後，將沒用的種子棄於蟻巢玉的拋棄室內。種子從發芽到伸出莖葉於洞穴外行光合作用，這段時間都利用拋棄室內的養分發育，當野牡丹植株越來越大之後，蟻巢玉會被撐爆而死亡。

蟻巢玉外觀雖類似夾竹桃科的一些塊莖沙漠植物，但它們需要以熱帶雨林著生植物的方式

蟻巢玉 *Myrmecodia*

婆羅洲雨林中，懸垂倒掛於高樹上的蟻巢玉 *M. tuberosa* 的幼株。

M. beccarii 產於澳洲北部的約克半島，目前已有少數種苗園人工繁殖。

M. platytyrea 產於新幾內亞與澳洲北部，分布很廣。

某種 *Myrmecodia* 的球莖外表，遠遠看去像刺蝟，這特異的外觀，吸引許多追求奇特生物的愛好者栽培。

栽培，若以沙子與土壤為介質，並置於又熱又乾的場所，不要多久便會死去。要像著生杜鵑那樣，以樹皮及碎蘭石為介質，經常澆水以維持介質間歇性乾溼的狀態。產於熱帶低地的蟻巢玉，冬季低溫時應移到室內避寒幾天，等溫度回暖再移回室外。

　　蟻巢玉成熟後在葉腋間開出白花；果實外皮由綠轉紅時，就可以採下來，擠出其中的果肉與種子。將種子與果肉分離，可以直接播種在水苔或碎樹皮上，澆水以保持溼度，幾天後種子便開始萌芽生長，移植時盡可能連介質一起，不要傷到根部。

蘿摩科的風不動與毯蘭

　　風不動：蘿摩科的風不動與毯蘭兩屬中，有部分成員屬於蟻植物。其中最有名也最常在花市見到的是風不動屬的青蛙寶（*D. vidalii*），

俗稱巴西之吻、愛元果等。來自菲律賓的青蛙寶，將部分的葉片演化成氣泡狀，像綠色的果實般附著在樹幹上。這種氣泡型葉片有開口能讓螞蟻進入；此外，部分葉腋旁的根系也會自開口進入，吸收蟻巢中的排泄物。

和青蛙寶近似的還有大青蛙寶 *D. major*，花白色，氣泡型葉片的形狀也不太一樣。由於它們分布很廣，遍及東南亞和大洋洲西南部，甚至分布到澳洲，所以出現許多不同型態的變異個體。

另外還有一類葉片只有單一造形，像吸盤似地直接貼黏在樹幹上，螞蟻就直接住在樹幹與葉片間的狹窄縫隙，它們的根系也在其中，直接吸收螞蟻的排泄物。這種吸盤造形的風不動種類不少，但因造形類似，較少受到注意，其實仔細一瞧可以發現，葉片依種類而異，有的葉面具有很多不同的浮凸，甚至還有帶刺的，相當有趣。

毬蘭：毬蘭屬的蟻植物沒有風不動屬的多，但提供給螞蟻的住宿款式卻變化多端。產在菲律賓的 *H. darwinii*，除了長出一般毬蘭會有的葉片外，也會像青蛙寶那樣長出氣泡葉，且氣泡葉的構造更加精細，摺疊成兩層。

另外和 *H. darwinii* 近緣的 *H. mitrata*，除了有普通的對生葉，像一般的毬蘭附生在樹上外，還長出特化的葉片，略呈杯狀，往內凹，密集而重疊，看上去像是高麗菜或蓮花倒掛在枝蔓間，這正是提供給螞蟻的住所，因為是倒掛且有很多層，下雨時不必擔心會有漏水的問題。*H. mitrata* 分布的區域很廣，一般來說，產在泰國及馬來半島的植物體和蓮狀葉較大也較多層，而婆羅洲的個體較小而圓，蓮狀葉的層數也較少。

產 在 婆 羅 洲 的 *H. lambii* 則提供另一款式的住所，它們將巨大的兩片葉往上翻，像漏斗般地接收自樹冠層飄落的葉片，裡面自然堆積著許多枯葉及樹枝，好整以暇地就等螞蟻搬入。此毬蘭十分簡陋，只提供蟻巢的支架，螞蟻必須自行將落葉與樹枝黏合，而毬蘭還直接將根部附生在蟻巢下，藉以吸收蟻巢的廢棄物及落葉當養分。

龜殼毬蘭 *H. imbricata* 是另一種蟻植物，會長出類似風不動屬的吸盤型葉片，貼黏在樹上，但這種葉只長單片，其實它原本也是每節有一對葉，但是當一邊葉片變大時，另一邊就自動萎縮。這種吸盤環境，

剝開 *H. imbricata* 的葉片，可看到尚未搬走的蟻群。

毬蘭*Hoya*

H. mitrata在婆羅洲雨林多生長在較陰僻多濕氣的樹林。

圖中可見*H. mitrata*兩種不同型態的葉片，下方為一般的生長葉，上方則為堆疊如倒掛蓮花的蟻生葉，螞蟻便住在宛如花瓣的葉片中。

印尼蘇拉維西島產的*H. imbricata*，葉片為心狀葉，再將葉片圈繞成圓形，和菲律賓產的盾狀葉差異很大。

產於菲律賓群島的*H. imbricata*，盾狀葉，給予明亮且溼度高的垂直環境，葉片會層層相疊的生長。

蘇拉維西島產的*H. imbricate*，在原生地多生長於高海拔的疏林地帶，因為陽光普照，葉片多半被曬得發紅。

菲律賓的*H. darwinii*，多在枝條上堆疊著氣泡狀的蟻生葉供螞蟻棲息。枝條不喜歡接觸久濕不乾的介面，反而喜歡纏繞在鐵絲上。

產於婆羅洲沙巴的*H. lambii*，葉片排列宛如漏斗，收集樹上掉下來的落葉，供螞蟻在其中結巢。

風不動 *Dischidia*

D. *imbricata*自泰國南部往南，廣泛分布至印尼諸島低海拔，葉片宛如吸盤般黏附在樹幹上。

D. *cochleata*分布於馬來半島南部至蘇門答臘低地，葉面有宛如釘子般的突起。忌多濕的環境，雨季最好將植株移往避雨處。

D. *major*的自然生長環境多在比較明亮的樹梢。（攝於泰南喀比海灘的木麻黃樹上）

D. *astephana*分布於馬來半島的高山雲霧林，在台灣除了夏季會稍微生長停滯外，其他季節生長良好。偏好明亮的日照環境，即便是高溫的夏季，仍需有短暫的直射日照，長期處於日陰環境植株會逐漸頹痞。

人為雜交育種的風不動，由氣泡型與吸盤型葉片的風不動交配而成，葉片像是吸盤那般地貼於介質上，但每片葉子都膨脹成可愛的氣泡狀。

和風不動的蟻巢構造相同。

龜殼毬蘭有兩個變種。產在菲律賓群島的變種，葉片接連著長在一起，一片片的蟻巢葉可以連接成長屋或小聚落狀；另一個變種產在蘇拉維西島上，葉片呈心形連結在枝蔓上，葉的距離比較分散。

栽植這些蘿摩科蟻植物時，要注意：如果是吸盤型葉片，需要一個垂直平面的板子或直徑

◎雨林植物觀賞與栽培圖鑑

D. vidalii為產於菲律賓群島的蟻生風不動，是這類蟻植物中最容易在市面上見到的種類。

至少像手臂那麼粗的棒子，讓葉片可以吸附。若水平方式擺放，植物會出現疑慮到處亂竄，導致生長勢凌亂。此外吸盤型葉如果沒有可附着的表面，葉片會相互包裹，變成奇怪的餃子形。如果是氣泡型葉或其他型，可以同時在垂直的介面或其他可供纏繞的支架上生長。栽種細節可參照第十二章著生型的蘿摩科植物。

鳳梨科的
蜻蜓鳳梨與
空氣鳳梨

產在熱帶美洲的著生型蟻植物幾乎都是鳳梨科。許多空氣鳳梨的葉基部膨大，看起來像蒜頭或百合花的鱗莖，其實裡面是空心的，提供給螞蟻居住。由於鳳梨的葉呈螺旋狀排列，因此這些提供給螞蟻的居所就像一間間以螺旋階梯連接的房間。筆者曾經試著將寄生在蟻巢玉的亞洲蟻類移到空氣鳳梨的空房子，但牠們似乎不願意搬入，然而卻願意和蟻蕨共生。

另一類蟻植物的鳳梨家族是鳳梨亞科的蜻蜓鳳梨屬，這屬的蟻植物成員比空氣鳳梨少很多，但它們採用的隔間方式卻各個不同。*Aechmea egleriana* 生長在亞馬遜河流域低地森林的樹幹上，採取空氣鳳梨所慣用的方式——將葉片與基部相接連處膨脹為蟻巢，外觀看來像酒瓶蘭。*A. brevicollis* 的外觀和一般的蓮座型鳳梨很不同，葉片呈扇狀排列，每一葉的基部捲起，宛如棒狀，裡面也是空心給螞蟻住宿，整體來看像扇形蘭花的假球莖頂著一片葉。

A. brassicoides 大概是鳳梨科中以最怪異的方式提供螞蟻居所的

空氣鳳梨 *T. bulbosa* 生長在厄瓜多太平洋岸的紅樹林中，喜歡經常澆水但水分能快速流乾的狀態，盆植時應選擇粗大的介質（樹皮為佳）或直接附於板子上。

產於中美洲的 *T. seleriana*，葉片基部膨脹提供螞蟻住宿。本種分布於熱帶季風林，喜歡比較乾燥的附生介面，如果栽植於盆中，一定要選擇排水好的介質，否則還是附在木板上比較好，如果長期接觸潮濕的介質，多半容易腐爛。

蟻植物。它在幼年期和一般鳳梨沒有太大差異，但當植株長到一定大小時，葉心部位的新葉便不再往外翻，反而往內捲，就跟結球萵苣或高麗菜一樣，之後葉心的球越長越大，所有新長的葉片都一層層往這球狀物塞，這個像高麗菜的球就是螞蟻住的地方。或許很多人會覺得納悶，鳳梨結成球，要如何開花？當它要開花時，花穗直接自球體內部穿刺出來，在球體外開花。此外，

蜻蜓鳳梨 *Aechmea*

A. brassicoides 放棄了一般蜻蜓鳳梨皆在葉心積水的一貫原則，而在葉心結出宛如包心菜的蟻生葉，讓螞蟻居住。

A. egleriana 將葉子基部膨脹為蔥頭狀，螞蟻住在其中。本種來自亞馬遜盆地，冬季低溫期需保溫。

蟻生五彩鳳梨 *Neoregelia myrmecophila* 也是將葉基部膨脹，供給螞蟻住。這些鳳梨亞科植物的栽種方式也和一般的積水鳳梨一樣。

A. brevicollis 的葉片左右伸展，宛如扇子，需要栽植在通風好的環境，介質若久濕不乾，容易腐爛，冬季低溫也要注意保溫。

A. brevicollis 的部分葉片基部演化成葉柄般捲曲，供螞蟻居住，出口處則有上方的葉片提供遮雨的功能，算是設計精巧的居住空間。

此外，熱帶美洲產的香蕉蘭屬也會空出假球莖內部，做為螞蟻的住所，婆羅洲的二齒豬籠草也會提供籠蔓的腫脹部分，與螞蟻共生。

第十四章
搧動人心的葉

雨林椰子、雨林蘇鐵、榕、冷水花。

第十四章 搧動人心的葉

雨林椰子、雨林蘇鐵、榕、冷水花。

雨林中，許多植物具有美麗的葉片，它們各自散布在許多小家族中，本章節就介紹這些足以搧動人心的葉。

*Labisia pumila*為廣泛分布於東南亞森林中的紫金牛科植物，葉片因地域型的差異具有深淺不同的花紋，在印尼及馬來西亞是有名的婦女用藥，許多號稱具有療效的草藥皆標示混有此種植物。

栽植於空魚缸中的多種林床上之美葉植物。這些植物多喜歡日陰高濕的環境，在室內無直曬日照的明亮處，擺上空魚缸即可培養。

雨林椰子

在熱帶雨林的林床上，有一群終日處在日照昏暗下的椰子，它們只在晨昏陽光斜射之際，才獲得短暫的日照，和我們所知道的喜歡充足日照的椰子很不一樣。這些不喜愛強烈陽光的椰子，相當適合栽植於室內或陽台光照嚴重不足的地方，其中作為觀葉植物，被大量栽植的是產在中南美洲的袖珍椰子屬，而在亞熱帶最常見的耐陰性椰子是觀音棕竹類。

耐陰的雨林椰子雖然對寒冷沒有抵抗力，但對光線需求不高，相當適合台灣北部的氣候，即使強烈寒流來襲，只

要移到室內溫暖處，靠著透過窗戶的日照或電燈照明，便可輕鬆度過嚴冬。它們渾身散發的熱帶氣息，能讓室內空間在寒冬顯得溫暖。

大多數的椰子葉片分裂如羽狀，或掌狀，這樣的構造讓熱帶的強風不易毀損葉片。椰子在發芽初期，葉片多相連成一整片，越長越大才開始出現裂痕。然而很多雨林椰子，因為強風似乎都被高大的樹叢阻擋了，終其一生維持著同一款的葉形。

椰子在英國維多利亞時期便已流行，成為重要的觀賞植物，當時許多富豪花費鉅款蓋溫

白象椰子*Kerriodoxa elegans*產於泰國南部普吉島及附近森林，因原生地已多改為度假旅館，很難在原生地見到。葉背銀白色，要避免強光與冬季低溫。

室，才得以一償擁有奇花異草的宿願，但今日我們只要選對種類，即使是小住家也可以在室內栽種椰子。

椰子的根系是鬚根，多不耐移植，特別是單幹性的種類，一旦根部受到嚴重騷擾或損毀，多半直接死去。叢生性的椰子基部可叢生多芽，較可以接受移植也可以靠分株繁殖，但多數椰子還是以播種繁殖為主。

很多雨林椰子有奇

產於印度洋塞席爾群島的*Verschaffeltia splendida*，葉形很可愛，莖幹接近地面後會伸出氣根，強健，適合亞熱帶氣候栽培。

洋芋片椰子*Chamaedorea tuerckheimii*是袖珍椰子屬中，葉形最奇特的種類，產於尼加拉瓜森林，至今依然是很稀有的植物，偏好日陰且冬季涼爽的亞熱帶氣候。

生長在婆羅洲森林中的*Iguanura sanderiana*，有狹長的單葉，生長環境陰暗，僅有短時間可以接受偶爾穿透葉縫的陽光。雨林椰子多半來自這種原生環境。

老人棕*Coccothrinax crinita*產於古巴，外表像長著長毛的棕櫚。依原生環境來說，並不能算是雨林中的椰子，需要強光照射與排水好的環境。

猩紅椰子*Cyrtostachys renda*是熱帶地區最吸引人的觀賞椰子，原產於婆羅洲的泥炭濕原，喜好強光與高溫多濕的環境，只適宜在赤道附近的雨林氣候露天栽植，即使在熱帶季風氣候也會因空氣溼度不足而顦顇，於亞熱帶栽植時冬季要加溫與補光。

Licuala mattanensis Mapu斑紋之華麗，在棕櫚科中別具一格，適宜日陰的環境，也是許多椰子收集者的夢幻品項。

怪的習性，種子成熟、掉落林床之後，多半不會馬上發芽，需要一段時間的內部發育期，短則3個月，長則超過1年或更久，在這期間需要維持介質於高溫的潮濕狀態。但在亞熱帶播種，無論在哪個時間播種，發芽前勢必會遭遇低溫，因此需要有底部加溫的設施，讓介

刺軸櫚屬的*Licuala cordata*，擁有椰子科植物中最圓的葉片，僅見於婆羅洲中部的山區。

*Licuala orbicularis*是刺軸櫚屬植株最低矮、葉柄最短的種類，葉片近乎平貼在地表，是許多椰子收集者青睞的逸品。

*Pinanga veitchii*是假檳榔屬中葉色最特異的種類，紫褐斑點的葉在鋪滿落葉的林床上，成為最佳的隱身裝扮。

廣泛分布於婆羅洲的*Licuala petiolulata*，葉片纖細，需要恆定的陰濕環境，不易栽培。

質的溫度可以維持在20度以上。介質要選用排水好的碎樹皮混合泥炭土等有機介質，種子一發芽，便要栽種於小盆中，移植時要小心，別傷到根部，像鑽石椰子等根莖較長的種類，最好個別播種於小盆中，因為它們纖細的走莖極易於移植時斷裂，一旦斷裂便會死去。

*Licuala ramsayi*是世上最高大的刺軸櫚，原生在澳洲約克半島的雨林中，在當地植株高度經常超過森林的樹冠層，這是刺軸櫚屬植物少有的習性。圖為長於約克半島森林原生地的植株，性質強健，不畏台灣冬季的低溫。

虎克椰子*Arenga hookeriana*的斑葉園藝種，是比較容易於基部生蘗芽的種類，可採用椰子少有的分株方式繁殖。

雨林椰子不難照顧，只要注意不要曝曬陽光，置於明亮處，盆底不要有積水。但仍須小心提防太強的風，畢竟它們巨大的葉片不堪強風吹襲。

雨林蘇鐵

蘇鐵大多長在日照充足的岩壁或近乎半乾旱的地區，生長在雨林的蘇鐵是產在中國南部與越南交界省分的幾種蘇鐵屬，以及來自中美洲至南美洲北部安地斯山東側森林中的部分闊葉蘇鐵（或稱之為澤米蘇

最被蘇鐵蒐集者注目的焦點物種，多為來自南非產的銀葉霸王蘇鐵*Encephalartos*，多屬於需要強光的旱地種類，和雨林中的蘇鐵栽植方式差異很大。圖右前方為*E. horridus*，左後方為*E. lehmannii*。

*Zamia neurophyllidia*是熱帶美洲森林中的闊葉蘇鐵（澤米屬），需栽植在陰濕的環境，本種經常被誤為*Z. skinneri*。

著生蘇鐵*Zamia pseudoparasitica*是極少數生長在樹木高處的蘇鐵，多長在哥斯大黎加與巴拿馬的雨林中，需要排水很好的著生植物介質，適合以吊盆栽植展現其宛如蕨類般的革質羽狀複葉。

鐵），還有澳洲昆士蘭的波溫蘇鐵屬。闊葉蘇鐵屬的葉片異常寬闊巨大，很多種類在外觀上早已經和旱地生長的親

戚截然不同。這屬有蘇鐵家族中唯一的著生種——著生蘇鐵。

產於中國南方石灰岩森林中的德保蘇鐵*Cycas debaoensis*，葉序似蕨類，喜歡半陰環境，需要排水好的介質。

*Bowenia spectabilis*分布於澳洲約克半島雨林中的林床，需要陰濕且排水好的環境。

著生蘇鐵長於哥斯大黎加與巴拿馬雨林中的高樹上，至今還無人能解釋為何蘇鐵這般大種子構造的植物可以附生在幾十公尺高的大樹上，很多人一開始都認為它是偶然附生在高樹上，但後來發現只要跌落至雨林底層的著生蘇鐵，最後都死在陰暗的林床。這些稀有的植物一直是史前遺孑植物蒐集者的最愛，目前全部的野生植物都已受到國際生物保護公約的保護。

榕

雨林中的榕樹具有重要的生態指標，除了是眾多動物的糧食來源，也要和不同種類的大樹們爭奪雨林的陽光。榕樹有許多不同的變異種被介紹為園藝植物，以其強健的生命力適應家居環境，因此照顧園藝種的榕樹多半不需要花太多工夫，即可欣賞它帶來的綠化效果與美感。多數的榕屬植物每天需要有短暫的日照，

琴葉榕*Ficus lyrata*的斑葉園藝種，巨大的葉片上有三種不同層次的顏色重疊，宛如大理石的花紋。

不過即使沒有，明亮的環境也足以讓它們健康生長。

熱帶雨林中的榕屬植物，除了本書第七章介紹的蔓榕，還有各種造型的榕樹。

冷水花

pilea

　　蕁麻科中的冷水花及樓梯草兩屬中，有許多種類已經廣為園藝栽培，這類植物多是長在森林中的岩壁上或溪谷等陰濕的環境，多數成員植株低矮或呈匍匐狀，在造園或陰暗環境的地被植物上應用很廣。另外，因耐陰性不錯，在室內生態缸的造景上也相當適合。

冷水花屬適宜栽植在日陰潮濕的角落，圖為筆者花園一角的冷水花，順時針由左下開始為冷水花、蛤蟆草*P. mollis*、毛蛤蟆草*P. nummulariifolia*，中間遠方銀色的為*P. spruceana* Silver Tree，左下角銀色的為*P. pubescens* Silver Cloud。

鏡面草*P. peperomioides*產於中國南部，圓盾狀葉，單看植株與葉形讓人以為它是椒草屬，這也是其學名的由來——像椒草的冷水花。植株喜歡陰濕環境，不難栽培。

產於南美洲北部乾燥山谷中的冷水麻*P. serpyllacea*，葉片為了適應乾旱環境而演化成圓球體的水珠狀，葉面紅色，葉背為透明的儲水組織，像結晶體。植株需要排水與日照良好的通風環境。

產於新幾內亞山區的蕁麻科*Laportea*屬植物，葉面有可愛逗趣的斑點，然而一旦伸手碰觸，會有觸電般的感覺，跟台灣山區的咬人貓一樣危險。

第十五章
林徑旁的小花

鳳仙花、夏菫、唇型花、
爵床、茜草、石蒜及其他
球根。

第十五章 林徑旁的小花

鳳仙花、夏菫、唇型花、爵床、茜草、石蒜及其他球根。

幽暗的雨林底層沒有太多醒目的開花植物，有美麗花朵的雨林植物多半附著在高大的樹冠上，花朵嬌媚的地面植物則多半長在林緣或高聳出樹冠的石灰岩壁；不過，通往森林的小徑旁仍可看見一些可愛的小花。

鳳仙花

Impatiens

在亞洲及非洲的熱帶森林和雲霧林中，鳳仙花可說是最引人注目的地面草花。雖然它們絕大多數生長在高山，但低海拔、近海岸的石灰岩區也有很多種類。

為了吸引昆蟲，鳳仙花在花形構造上做了許多改變。例如，以蜜蜂為授粉媒的種類，花形多半呈鐘狀或漏斗形；以蝴蝶為授粉媒的花形，多半在平面花朵上配一個細長的距（如非洲鳳仙花），以配合蝴蝶的口器。在一些鳳仙花分布密集的原生地，鳳仙花以不同的大小或花型來限制花粉媒，以避免異種授粉而雜交。

亞洲鳳仙花分布最密集的地方是印度西南部的西高止山，以及喜馬拉雅山南麓的阿薩姆等冷涼高濕地區，在另一邊的泰國由北到南也有多種鳳仙花，可以想見的，夾在中間的緬甸還有更多鳳仙花未被發表。鳳仙花以彈射種子的方式來擴展生長領域，這種只靠自己彈射、不借助其他外力或媒介傳播的方式，無法讓種源大量擴散，所以

*I. marianae*來自印度阿薩姆高地的雲霧林，擁有這屬中最美麗的葉片。不耐台灣的夏季高溫，若無降溫設施，約在五月以後會因高溫障礙而死去。

產於泰國西部的迷你型一年生鳳仙*I. noei*，喜歡高濕環境，在小盆中花開得滿滿的，相當可愛。

產於泰緬邊境石灰岩山區的多年生塊莖型鳳仙 *I. parishii*，對環境變化的適應力較弱，不易栽培。花直接開在葉腋間，有別於多數泰國南部產的塊莖類鳳仙多開花在花梗上。

產於泰國接近緬甸的石灰岩山區的藍紫花一年生種類。生長環境偏乾燥，莖葉具有蠟質外皮，需要明亮的環境及排水好的介質。

*I. phengklaii*產於泰緬邊境的石灰岩山區，偏向非洲或馬達加斯加型的塊莖鳳仙，乾季時保留地表基部的肥大主莖，其他枝條都會枯槁脫落，隔年再重新生長。

*Hydrocera triflora*產於亞洲南部，多是隔離分布的一年生種類，種子不會彈出，因此被剔出鳳仙屬。常生長在河邊等潮濕地帶，花朵巨大。

產於泰國南部石灰岩山區的某種懸垂性鳳仙，只有基部具有生根能力，柔軟細長的莖懸掛在岩壁上飄蕩，跟一般常見產於斯里蘭卡的黃花鳳仙*I. repens*接觸地面即容易發根的匍匐莖截然不同，適合開發為吊盆植物。

*I. cardiophylla*為產於泰國南部與高棉乾燥石灰岩山壁的一年生鳳仙，對乾熱環境的適應力很強，需要日照充足且排水好的介質，圖為不同產區之色彩差異個體。

產於泰國南部的大型塊莖類鳳仙，植株的莖幹高聳肥大，金黃色花開滿細長分岔的花梗，在雨季生長期幾乎可見花朵盛開。

某種產於泰國東北部接近寮國的石灰岩地區,具有一定的耐熱性。花朵的藍接近雅魯藏布江峽谷所產的南迦巴瓦鳳仙花 *I. namchabarwensis*,有些個體具有藍墨水般的深藍色。

I. tuberosa 產於馬達加斯加島,是許多塊莖植物收集者的逸品。休眠季節整株枯萎,只留肥大的塊莖,此時需要保持乾燥直到隔年生長季。圖為馬達加斯加當地蒐藏家栽植的巨大植株。

I. mirabilis 是世界上最高大的鳳仙花,在野外曾有 5 公尺高的紀錄。乾季休眠期會落葉,只剩粗大的莖幹,花色繁多,從白色、粉紅至黃色皆有,圖中是罕見的橘色花朵。

在原生地很少出現大面積的鳳仙花。

　　鳳仙花分布密度最高的區域是乾溼分明的熱帶季風林,在終年高濕的赤道雨林種類反而很少。在熱帶季風林的乾季,許多一年生的鳳仙花在結完種子後便枯死;部分產在緬甸南部石灰岩的鳳仙花具有大岩桐或球根海棠般的塊莖,在乾季,除塊莖外,所有的莖葉會全部脫落。栽種方式可以參考大岩桐的模式。

　　另外馬來半島北部,有一些種類演化成肥大枝幹的樹型鳳仙花,在當地短暫的乾季時期落葉,只以枝幹內的水分維持生命。一旦來自印度洋的西南季風開始吹拂,這裡又會進入又濕又熱的狀態,原本僅靠塊莖或肥大莖幹維持生命的鳳仙花會開始萌芽,而遺留在土壤的一年生鳳仙花種子也跟著發芽。大約在降雨過後的兩個月裡,東南亞的熱帶季風林開始迎接節慶般的鳳仙花海盛況。

　　鳳仙花的植株構造和秋海棠極類似,全株多肉質,不耐旱,也不喜歡太濕的環境,在原生地通常長在石頭上,或土層表面的薄淺腐植質,很少將根深入土層。栽種鳳仙花要避免

黏重的土壤，盡可能採用疏鬆且輕量的介質，不妨選用泥炭土與珍珠石混合，再添加一些碎樹皮等。

來自熱帶季風區的鳳仙花，介質不能終年處於潮濕的狀態。來自馬來半島北部的樹幹型大型種，由於原生地已是熱帶季風區的南限，除了年初短暫的乾季外，其他時刻雨量和赤道雨林差不多，生長期要供應大量的水分，甚至可以在盆底墊上裝了少許水的水盤。由於它們多來自石灰岩區域，介質以栽種岩生性的拖鞋蘭介質相仿即可。

產於泰緬邊境的某種多年生白花夏堇。

產於泰寮邊境砂岩山區的某種一年生黃花夏堇。

夏堇
Torenia

夏堇是夏季常見的玄蔘科一年生草花，近年來多年生的蔓性夏堇也越來越常見，許多日本的種苗大商社正著手研究這類耐熱且花期很久的草花。

夏堇的原生種大多來自中南半島山區，原生地的生長環境跟台灣野外的倒地蜈蚣十分類似，多數長在樹林之外的草地上，所以要在東南亞森林見到夏堇，必須在稜線上或崩塌地等能接受部分日照但溼氣足夠的環境。

夏堇在熱帶季風林冬季完全乾燥之處只有一年生，但在終年潮濕的坡地可以見到多年生的種類。多年生的夏堇在台灣適應得相當好。栽種時謹記日照要充足，如果太陰勢必會逐漸衰弱。介質要一直維持潮濕。多年生的種類，可以採用扦插來更新植株；一年生的種類，就要以播種來保種。

產於泰寮邊境砂岩山區的某種一年生紫花夏堇。

唇型花

說到唇形花，一般人馬上會想到地中海的香草，如薰衣草、迷迭香等，其實在熱帶雨林的林緣地區還有不少其他種類的唇形花，例如黃芩、鼠尾草等等，若再加上園藝中變化多端的

彩葉草，物種之多，令人驚奇。這些植物的栽培法和玄蔘科相仿，花期則因種類的差異而有不同。

產於南美洲北部的黃芩 *Scutellaria ventenatii*，在高溫的季節生長良好，夏秋之間不斷綻放紫紅色花，適合半日照的花園。

哥斯大黎加黃芩*Scutellaria costaricana*產於中美洲山區，早春至夏間開出艷麗的橘色花，喜歡生長在半日陰的潮濕環境。

藍花黃芩*Scutellaria javanica*分布於亞洲東部，性質強健，在溫暖的季節經常可見藍紫色花不間斷地開。需避免介質乾旱。

爵床

外觀看似平庸、不太吸引人的爵床科，其實是亞美非三大洲熱帶森林裡，相當重要的觀賞植物。許多生長在日陰環境的種類，不但有花紋美麗的葉片，還有好看的花朵，對於日照不好的北向陽台或院子來說，是不可多得的盆花素材，目前許多種類都可以在市面上看到。

雨林中最為人熟知的爵床科植物，要屬單藥花。除了常見的黃花種類外，還有很多色彩艷麗的種類隱匿於熱帶美洲森林中。

鳥尾花是炎熱夏季常見的盆花，由於花朵慢慢自苞片開出，因此

可維持相當長的時間。
這個屬花色繁多，白、
黃、紅色系皆可看到。
它們喜歡短時間的日
照，夏季強烈的日照容
易導致葉片灼傷。

紅單藥花*Aphelandra aurantiaca*，有別於一般常見的黃色單藥花，本種花朵是艷麗的橘紅色，葉是耀眼的銀色，多半在濕冷的冬季綻放，適合年末節慶假期的盆花。

產於肯亞的白脈鳥尾花*Crossandra pungens*，除了具有美麗的白色葉脈，溫暖季節也會開出黃色花，適合栽植在日陰環境。

*Ecbolium viride*外觀像是松石藍一般的鳥尾花或小蝦花，高溫的季節經常可見塔狀的花萼中開著藍綠色的花朵。

茜草

　　若希望窗台有蝴蝶相伴，茜草科植物是不錯的選擇，它們是蝴蝶的蜜源植物。茜草科中，最常栽植於熱帶花園的，莫過於仙丹花和玉葉金花。這類園藝改良的種類多半需要很強的日照，因此不適合栽種於北向的陽台。原生種經常可在森林中較明亮的環境見到，或許在野

產於哥斯大黎加雲霧森林中的「熱情之唇」*Psychotria poeppigiana*，是當地很有名的植物。葉片很大，夏天過於乾燥時需注意遮陰與調高空氣溼度，栽培管理與中南美洲的鯨魚花相當。

大溪地梔子 *Gardenia taitensis* 是大溪地島的著名象徵，也是當地聞名的香水原料，在高溫半日照處，可以長期開花不斷。

外的原生種有比較強的耐陰性。

婆羅洲中部密林中，正在取食茜草科之野生仙丹花蜜的紅巾鳥翼蝶 *Ornithoptera brookiana*。

石蒜及其他球根

球根花卉大多來自陽光充足的地中海或氣候變化劇烈的大陸型溫帶地區，但在亞馬遜盆地和巴西海岸山脈的雨林中，仍看得到一小部分，它們是石蒜科的植物，其中又以亞馬遜百合和藍晶花最常見。它們終年維持常綠，不會休眠，擺在家中的日陰處，每年準時開花。

孤挺花也來自南美洲，除了白脈孤挺可以在日陰處栽植外，其他多數種類來自乾溼季明顯的熱帶季風草原區和安地斯山的乾燥區，需要充足的日照，宜栽植在南向或屋頂的環境，如果是種在雨林植物的日陰環境，葉片多半會徒長。

和孤挺花類似的還有文殊蘭，也多來自熱帶環境，但是需要充足的陽光。來自非洲的火球花比較能接受日陰環境，但是在冬季休眠期要保持土壤乾燥。君子蘭來自亞熱帶森林，在台灣北部的日陰環境極容易培植，但若栽植在台灣南部，會有花梗過短的生理障礙。來自

Caliphruria korsakoffii 與亞馬遜百合相當近緣且終年常綠，產於亞馬遜河上游之安地斯山的低海拔亞熱帶森林的陰暗林床上，冬季需足夠的嚴寒才會於隔年開花，建議冬季盡可能於屋外陰冷處。

印尼及澳洲的假玉簪，也是熱帶常見的球根花卉，在冬季乾燥時會

落葉休眠，但如果持續澆水，可以維持終年常綠的狀態，花朵在春季抽葉前開；如果終年澆水，則會在開花後替換葉片。

南美洲有許多花朵豔麗的水仙百合，改良種大多來自智利的地中海氣候區，多半會夏眠，而且需要充足的日照，在台灣平地栽植有一定的難度。部分來自巴西南部海岸山脈的種類，是長在林緣環境的常綠種，只需短時間的日照，即使栽植在北面陽台，也可以長得很好，花期主要在春至初夏間。

產於巴西海岸山脈森林中的水仙百合原種*Alstroemeria inodora*，比多數溫帶改良的園藝種更適合高溫的台灣平地，喜歡半陰環境，終年常綠，初夏開花。

馬丘比丘孤挺花*Hippeastrum machupijchense*產於祕魯2000公尺的雲霧林中，有很特別的暗紅色，開在陰暗的苔蘚森林中並不容易發現。

學名索引

致謝

感謝長久以來提供資訊及部分植物拍攝的花友：葉春妙、劉英華、洪嘉裕、陳儀民、黃志明、徐永銓及錢威榜等諸君的協助；也要感激探險家黎義、Kaweesak keeratikiat 及余文智等諸位多次於野外旅途伸出援手，甚至在未一同前往的行程所發現的新物種也慷慨提供詳細資料。最後，千言萬語也無法表達感謝好友楊克雄的全力援助，如果沒有他的聯繫與協助，所有海外的行程將無法完成，許多植物之野外詳細資料也無法取得。

參考書目及網站

Begonias: Cultivation, Identification, and Natural History by Mark C Tebbitt

Bromeliads in the Brazilian wilderness by. Elton M.C. Leme.

Gingers of Peninsular Malaysia and Singapore by K Larsen, H Ibrahim, SH Khaw and LG Saw.

Gingers of Thailand by Dr. Kai Larsen & Supee Saksuwan Larsen.

Gingers of Sarawak by Dr Axel Dalberg. Poulsen.

Rhododendrons of Subgenus Vireya by Dr. George Argent.

'An Anthology of Articles from The Journal of The American Rhododendron Society 1954-1998' Edited by E. White Smith & Lucie Sorensen-Smith.

The World of Hoyas - A Pictorial Guide by Dale Kloppenburg.

CULTIVATED PALMS OF THE WORLD by Don & Anthony Ellison.

Ferns of Malaysia in colour by A.G. Piggott.

Impatiens: The Vibrant World of Busy Lizzies, Balsams, and Touch-me-nots by Raymond J. Morgan.

The Gesneriad Reference Web:
http://www.gesneriads.ca/

International Aroid Society:
http://www.aroid.org/

Florida Council of Bromeliad Societies:
http://www.fcbs.org/

妙妙非洲堇 http://www.dollyyeh.idv.tw/

勘誤表

由於植物分類上的演進，本書介紹的許多植物學名，在出版後經歷多年已經有了許多更改。此外，許多當時未定名或是未發表的物種，如今也有了種名，因此連同勘誤內容一併於此修正。

P16

- 2011年後，多年生皮草多已獨立改為報春苣苔屬 Primulina、長蒴苣苔屬Didymocarpus及奇柱苣苔屬Deinostigma等等。
- 許多一年生皮草已改屬名為鉤序苣苔屬 Microchirita，同頁左圖上為Microchirita rupestris，右上為Microchirita hypocrateriformis。

P17

左圖下種名為Tribounia grandiflora，右圖上種名現已改為Didymocarpus dielsii。

P18

右圖上學名改為Deinostigma tamiana，左圖上學名為Microchirita involucrata。

P24

左圖下學名為Aeschynanthus dischidioides。

P46

右圖中學名為Didymocarpus inflatus，右圖下藍紫色花植物為Damrongia cyanantha，左圖下紫紅色花植物為Didymocarpus megaphyllus。

P50

左圖下學名為Zingiber sirindhorniae。

P64

左圖中學名為Curcuma saraburiensis。

P65

史密斯薑一屬已於2012年歸為鬱金屬。

P69

右圖中種名K.minuta改為Kaempferia attapeuensis。

P75

右圖中學名為Kaempferia siamensis。

P76

船苞薑屬部分產於婆羅洲的物種已於2016年自Scaphochlamys屬移至新設立的Borneocola屬。

P77

- 左圖上之S.reticosa改為Borneocola reticosus。
- 大苞薑屬有劇烈的變革,文中提到的泰、寮等國之粉紅及白色大花的物種,皆移至P66的凹唇薑屬,而文中提到的小黃花成員物種則移至另成立的新屬Monolophus。

P78

右圖上之C.alba改為Boesenbergia alba,右圖下之黃花大苞薑新學名為Monolophus saxicola。

P79

左圖上的C.bracteata改為Monolophus saxicola,左圖下的C.violacea改為Boesenbergia violacea。

P88

閉鞘薑一屬有許多成員更動,像是P89左圖下的C.cuspidatus改屬移至Chamaecostus cuspidatus。

P116

下圖學名為Ophioglossum palmatum。

P125

空氣鳳梨屬中有許多非銀葉系成員移至不同屬別,如右圖下的T.dyeriana移至Racinaea dyeriana。

P132

鸚哥鳳梨屬中有許多成員移至他屬,像是P133之右圖中V. ospinae var. gruberi移至新屬Goudaea ospinae var. gruberi。

P134

左圖V.splendens移至新屬Lutheria splendens。

P140

絨葉小鳳梨有部分成員移至他屬，因此P142左圖下之C.warasii移至新屬Forzzaea warasii，右圖上之C.microglazioui移至新屬Rokautskyia microglazioui。

P150

莪蘿鳳梨屬中許多花梗不抽高之成員已移至Sincoraea屬，如右圖上之跨屬雜交種x Neophytum Galactic Warrior改為 Sincoregelia Galactic Warrior，右圖下O.burle-marxii移至新屬Sincoraea burle-marxii。

P171

左圖下學名為Philodendron callosum，右圖上學名更正為Philodendron callosum subsp. ptarianum。

P226

左圖上解說「生長在婆羅洲沙勞越石灰岩森林中的葡萄科植物」，葡萄科改為「南五味子屬」。

P246

左圖下學名為Medinilla dolichophylla，右圖上學名為Medinilla teysmannii。

P250

右圖中解說改為「產於婆羅洲近似野牡丹科，實為苦苣苔科的煙火漿果苣苔」。

P254

左圖下學名改為Begonia serapatensis。

P263

左圖上學名為Begonia kanburiensis，左圖中學名為Begonia curtisii，下排圖中的物種為Begonia arenosaxa。

P268

左圖下學名為Begonia hymenophylla，右圖下學名為Begonia pteridiformis。

P272

左圖下為東南亞原生之竹芋科茳葉屬
之Phrynium villosulum。

P325

左圖中學名改為Impatiens charisma，
中圖上學名為Impatiens jiewhoei，右
圖上學名為Impatiens sirindhoriae，右
圖下學名為Impatiens adenioidess。

綠指環圖鑑書 12

雨林植物觀賞與栽培圖鑑 〔修訂版〕

作者・攝影——夏洛特
特約主編・企劃選書——張碧員
編輯協力——游紫玲
責任編輯——魏秀容

版權——黃淑敏、翁靜如、邱珮芸
行銷業務——莊英傑、黃崇華、李麗淳
總編輯——何宜珍
總經理——彭之琬
事業群總經理——黃淑貞
發行人——何飛鵬
法律顧問——元禾法律事務所 王子文律師
出版——商周出版
　　　　台北市104中山區民生東路二段141號9樓
　　　　電話：(02) 2500-7008　傳真：(02) 2500-7759
　　　　E-mail：bwp.service@cite.com.tw
　　　　Blog：http://bwp25007008.pixnet.net./blog
發行——英屬蓋曼群島商家庭傳媒股份有限公司城邦分公司
　　　　台北市104中山區民生東路二段141號2樓
　　　　書蟲客服專線：(02)2500-7718、(02) 2500-7719
　　　　服務時間：週一至週五上午09:30-12:00；下午13:30-17:00
　　　　24小時傳真專線：(02) 2500-1990；(02) 2500-1991
　　　　劃撥帳號：19863813　戶名：書蟲股份有限公司
　　　　讀者服務信箱：service@readingclub.com.tw
　　　　城邦讀書花園：www.cite.com.tw
香港發行所——城邦(香港)出版集團有限公司
　　　　香港灣仔駱克道193號超商業中心1樓
　　　　電話：(852) 25086231傳真：(852) 25789337
　　　　E-mailL：hkcite@biznetvigator.com
馬新發行所——城邦(馬新)出版集團【Cité (M) Sdn. Bhd】
　　　　41, Jalan Radin Anum, Bandar Baru Sri Petaling,
　　　　57000 Kuala Lumpur, Malaysia.
　　　　電話：(603)90578822　傳真：(603)90576622
　　　　E-mail：cite@cite.com.my

封面設計——copy
內頁編排——徐偉
印刷——卡樂彩色製版印刷有限公司
經銷商——聯合發行股份有限公司　電話：(02)2917-8022　傳真：(02)2911-0053

2009年（民98）10月初版
2020年（民109）12月24日2版2刷
定價680元　著作權所有，翻印必究
Printed in Taiwan　ISBN 978-986-477-699-3　城邦讀書花園
www.cite.com.tw

國家圖書館出版品預行編目(CIP)資料
雨林植物觀賞與栽培圖鑑 / 夏洛特著. -- 2版. -- 臺北市：商周出版：家庭傳媒城邦分公司發行,
民108.08　340面; 15×23公分. -- (綠指環圖鑑書; 12)　ISBN 978-986-477-699-3(精裝)
1. 觀賞植物　2. 熱帶雨林　3. 栽培　4. 植物圖鑑　376.11025　108011442